내 부모와는 다르게
아이를 키우고 싶은 당신에게

내 부모와는 다르게 아이를 키우고 싶은 당신에게

: 나의 상처를 극복하고 아이의 자존감을 회복하는 두 번째 애착 수업

초판 발행 2023년 3월 2일

지은이 박윤미 / **펴낸이** 김태헌
총괄 임규근 / **책임편집** 권형숙 / **편집** 김희정, 윤채선 / **교정교열** 김소영 / **디자인** ziwan
영업 문윤식, 조유미 / **마케팅** 신우섭, 손희정, 김지선, 박수미, 이해원 / **제작** 박성우, 김정우

펴낸곳 한빛라이프 / **주소** 서울시 서대문구 연희로 2길 62 한빛빌딩
전화 02-336-7129 / **팩스** 02-325-6300
등록 2013년 11월 14일 제25100-2017-000059호 / **ISBN** 979-11-90846-59-2 13590

한빛라이프는 한빛미디어(주)의 실용 브랜드로 우리의 일상을 환히 비추는 책을 펴냅니다.

이 책에 대한 의견이나 오탈자 및 잘못된 내용에 대한 수정 정보는 한빛미디어(주)의 홈페이지나 아래 이메일로
알려 주십시오. 잘못된 책은 구입하신 서점에서 교환해 드립니다. 책값은 뒤표지에 표시되어 있습니다.
한빛미디어 홈페이지 www.hanbit.co.kr / **이메일** ask_life@hanbit.co.kr
한빛라이프 페이스북 facebook.com/goodtipstoknow / **포스트** post.naver.com/hanbitstory

지금 하지 않으면 할 수 없는 일이 있습니다.
책으로 펴내고 싶은 아이디어나 원고를 메일(writer@hanbit.co.kr)로 보내 주세요.
한빛라이프는 여러분의 소중한 경험과 지식을 기다리고 있습니다.

나의 **상처**를 **극복**하고
아이의 **자존감**을 **회복**하는 두 번째 애착 수업

박윤미 지음

내 부모와는 다르게
아이를 키우고 싶은
당신에게

IB 한빛라이프

어린 시절 내가 원하던 부모 역할만
내 아이에게 해주고 있지 않나요?

많은 부모들이 말합니다.

"책에서는 부모가 아이에게 차근히 잘 이야기하면 아이의 반응이 긍정적이라고 하는데, 우리 아이는 안 그러더라고요."

육아서를 읽어보면 다 맞는 말인 것 같죠. 마음은 아이들에게 좋은 부모, 따뜻한 부모가 되고 싶은데 책대로 되지 않는 현실과 마주할 때면 답답함을 느낍니다. 책에 나온 대로 못 하는 자신에게 화살을 돌려 자책하기도 하고요.

책 내용을 현실에 적용한다고 해서 책처럼 되지는 않습니다. 우리 삶이 인풋을 넣으면 규칙대로 아웃풋이 나오는 기계도 아니고, 인간이란 본래 복잡한 존재이기에 수학 공식처럼 딱딱 떨어지지 않으니까요. 그것이 현실이죠. 많은 육아서에서 말하는 아이의 마음을 알아주는 대화도 중요합니다. 그러나 더 중요한 것은 '관계의 질'입니다. 이 관계의 질에 따라 너무나 많은 부분이 바뀌고 맙니다.

내 부모처럼 되지 않을 거란 다짐
♥ ♥ ♥ ♥

저를 비롯한 많은 부모들이 아이를 키우는 과정에서 자신의 어린 시절을 회상합니다. 그리고 상처받은 어린 시절을 회복하기 위해 자신에게 필요했던 '좋은 부모'가 되려고 애쓰지요. 아이를 키우면서 '내 부모와는 다르게 아이를 키울 거야', '엄마처럼 폭언을 퍼붓지 않을 거야', '아이들을 절대 차별하지 않을 거야'와 같은 다짐을 합니다.

이런 마음들은 겉으로는 긍정적으로 보이지만, 사랑이 아닌 두려움 때문에 생긴 맹세이기에 자신도 모르게 집착하게 됩니다. 그다짐에 조금이라도 어긋나는 행동을 하면 더 크게 죄책감과 수치심을 느끼며 자책하고 불안해합니다. 그러다 보니 내 아이가 현재 보여주는 '있는 그대로의 모습'을 알아보는 게 어렵습니다.

저 또한 아이에게 제가 어린 시절에 필요로 했던 '좋은 부모'가 되어주기 위해 노력했습니다. 저는 아이를 세상의 어떤 위험으로부터도 보호해주고 싶었습니다. 누구에게나 환영받는 아이이길 바랐습니다. 저처럼 결핍이 생길까 봐 두렵고 불안했거든요. 그러다 보니 제 아이를 있는 그대로 보지 못했습니다.

이런 이유로 자녀와의 애착 관계와 아이에게 하는 양육 행동을 잘 이해하기 위해서는 부모의 개인사를 살펴봐야 한다는 주장이 많습니다. 부모가 자신의 부모와 맺은 애착과 양육 경험이 현재 자녀를 키울 때 많은 영향을 줍니다. 이와 관련해서 심리학계와 아동학계에서 많은 연구가 이루어지고 있지요. 특히, 생애 초기 자녀와 안정적이고 건강한 애착을 맺기 위해서는 아이의 요구를 민감하게 알아차리고 적절하게 반응할 수 있어야 합니다.

요즘 부모들은 대부분 잘 알고 있습니다. 실천이 어려울 뿐이지요. 부모들을 만나 상담과 코칭을 하다 보면 부모마다 어렵게 느끼는 지점들이 다르다는 걸 알 수 있었습니다. 상담을 할수록 백 명의 아이가 있다면 백 권의 육아서가 필요하다는 말처럼, 백 명의 부모가 있다면 백 권의 부모교육서가 필요하다고 느꼈습니다. 아이가 저마다 고유한 기질과 특성을 가지고 있듯이 부모 또한 자신만의 고유한 성향과 특성 그리고 경험을 가지고 있습니다. 그래서 자녀와 부모의 상호작용 맥락도 집마다 다르고, 그에 따라 드러나는 갈등의 양상도 다 다릅니다. 육아서에서는 한결같이 아이의 기질과 특성에 맞게 양육해야 한다고 주장하지만, 부모 역시 개인의 특성을 가진 존재입니다.

육아는 사랑과 의지만으로 가능한 게 아닙니다. 자신을 돌보지 않고 '자기희생'에 치우친 양육은 결국 마음에 원망을 쌓는 지름 길이 되기도 합니다. 배운 대로 아이를 돌보기 위해서는 먼저 내 가 지금 왜 그렇게밖에 할 수 없었는지, 부모 자신에 대한 이해가 필요합니다. 우리 가족 안에서 일어나고 있는 상호작용 맥락을 이 해하지 못하면 책에서 소개하는 방법을 어느 지점에서, 어떤 이유 로, 어떻게 적용해야 하는지 몰라 번번이 같은 곳에서 걸려 넘어 지게 됩니다. 그러면 아이를 사랑하는 마음으로 자신이 더 잘하지 못했음을 자책하며 자신을 몰아세울 수밖에 없지요.

좋은 부모의 시작은 자기 이해와 치유

♥ ♥ ♥ ♥

이런 문제들에 답하기 위해 이 책을 집필했습니다. 누구에게는 잘 되는데 누구에는 어려운 이유가 무엇인지, 사랑이 부족한 것도 의지가 약한 것도 아니라면 부모에게 어떤 개인차가 있는지를 살 펴보고자 했습니다. 수많은 부모 상담을 하면서 아이가 원하는 부 모보다는 어린 시절 자신이 필요로 했던 부모를 구현하기 위해 고 군분투하고 있는 부모들이 많다는 사실을 알게 되었습니다. 그러 면서 자연스럽게 부모 자신의 심리적 어려움을 극복하고 자존감을 회복하는 것이 먼저라는 걸 발견했습니다. 그것이 아이와 부모 사이 애착의 질을 결정하는 중요한 요인이었습니다.

좋은 부모의 시작은 자기 이해와 자기 치유로부터 출발합니다. 부모가 자신에 대한 이해를 넓히면, 아이와의 관계에서 내가 어떻게 상호작용을 하고 있는지 더 잘 알아차릴 수 있습니다. 알아차리면 멈출 수 있고, 멈추면 선택에 유연성이 생깁니다. 즉, 나를 이해하는 만큼 나를 더 잘 견뎌낼 수 있고, 아이를 대할 때 무엇을 어떻게 다르게 해야 하는지 더 잘 알 수 있습니다.

나와 아이의 애착을 이야기하기 전에 부모 자신의 애착을 살펴보아야 합니다. 내가 맺어온 관계의 방식을 이해하고, 자신과 잘 지내는 법을 알면 배우자와 아이와 더 건강하고 행복하게 지낼 수 있습니다. 삶에서 '나-자녀-배우자'와의 친밀한 관계의 질은 우리의 행복을 결정하는 절대적인 기준이 되니까요.

이미 늦은 것이 아니냐고 걱정할 필요는 없습니다. 아이와 주 양육자(대개 엄마)는 생후 첫해 동안 서로에게 많이 적응되었기 때문에 그동안 맺은 관계 방식이 2~3세에도 지속됩니다. 하지만 이후에 어떤 경험을 하는지에 따라 부모와 아이 간의 애착의 질이 현저히 바뀔 수 있다는 연구 결과들이 많습니다. 특히, 유아동은 환경의 영향을 받아 잘 변합니다. 나이가 어릴수록 환경과 어떻게 상호작용하느냐에 따라서 애착의 질은 얼마든지 변화할 수 있습니다. 부모 자신이 건강한 애착의 역사를 가지고 있지 않더라도, 아이와 함께하는 상황을 '관찰'한 것을 바탕으로 '생각'할 수 있으면 됩니다. 아이에게 가장 큰 환경인 부모가 변하면 아이는 저절로 달라집니다.

이 책을 읽는 분들은 아이와 더 좋은 관계를 맺고 부모로서 아이에게 긍정적인 영향을 주고 싶은 마음이 강할 겁니다. 그 마음이, 그 욕구가 여러분의 삶에 원하는 변화를 가져오는 강력한 동기가 될 것입니다. 그 길에 제가 함께하겠습니다.

Chapter 3.

아이와의 관계를 다지는 민감성 키우기

Chapter 4.

아이가 보내는 신호에 적절하게 반응하는 방법

Chapter 1

내 아이의 심리적 베이스캠프, 건강한 애착

부모와의 애착 관계에서
감정 학습이 이루어진다

＋ 엄마의 표정이 안 좋습니다. 무언가 화가 잔뜩 나 있습니다. 찬바람이 쌩쌩 불어요. 첫째 아이는 엄마 눈치를 보며 멀찍이 떨어져 있습니다. 좀처럼 엄마에게 다가오지 못하고 우물쭈물하는 모습이 역력합니다. 반면 둘째 아이는 쉽게 엄마 옆에 가서 "엄마 왜 그래?", "무슨 일 있어?", "기분 안 좋아?"라며 엄마의 기분을 살피고 돌보는 말들을 자연스럽게 건넵니다. 엄마는 자연스레 이런 둘째에게 더 마음이 갑니다.

사랑받고 자란 아이들은 '기가 살아 있다는 게 느껴진다'고 합니다. 이들에게는 '안정감'이 있습니다. 이 안정감은 자기 자신에 대한 확신에서 나오지요. 사람들이 자신을 어떻게 대하고 반응할지에 대한 긍정적인 확신이 있기에 안정감을 느끼는 겁니다. 부모와의 관계에서 자신의 느낌과 욕구를 표현하고 충족할 수 있다는 믿음이 있고, 거기서 오는 마음의 여유가 겉으로 드러나는 것일 수 있습니다. 그러니 좀 더 편하게 자신의 느낌과 욕구를 알아차리고 표현하며, 상대방의 느낌과 욕구도 쉽게 알아차립니다. 주변을 경계하고 긴장하지 않아도 되니 그만큼 자신과 상대를 있는 그대로 볼 수 있는 여유가 있는 거지요. 반면 그런 확신이 없는 경우에는 자신의 마음을 표현하길 어려워합니다. 부모가 자신을 거절할 것이라는 두려움과 자신의 표현이 어떻게 받아들여질지에 대한 믿음이 부족하기 때문이지요. 사례의 첫째 아이는 자기 보호를 위해 엄마의 표정과 기분을 살핍니다. 긴장이 되니 자연히 소극적으로 반응하게 되지요. 또한 주변의 다양한 단서를 종합적으로 고려해 상황을 해석하거나 판단하는 기술도 떨어집니다.

아이의 건강한 발달에 핵심적인 역할을 한다는 '애착'이란 개념을 처음 만든 사람은 심리학자 존 볼비John Bowlby입니다. 애착 이론의 아버지라 불리는 그는 한 개인이 자신과 가장 가까운 사람들에게서 느끼는 안정감과 신뢰감에 대한 정서적인 유대관계를 '애착'이라고 정의했습니다. 한 사람의 삶에 큰 영향을 미치는 이 '애착'은 대개 부모(주양육자)와 형성합니다. 애착은 누구나 형성하지요. 다만 애착이 안정적인지 안정적이지 않은지 질이 다를 뿐입니다.

사람은 살아가면서 가장 중요한 대상과 '애착' 관계를 맺습니다. 아이가 태어나 생후 1년 정도가 되면 자신에게 중요한 1차 양육자와 애착 관계를 맺습니다. 보통 1차 양육자는 부모 중 한 명이지만, 할머니나 할아버지, 이모 등 어릴 때 아이를 주로 돌보며 양육했던 사람을 말합니다. 주양육자와의 애착 관계에서 경험한 것들을 토대로 우리는 자신을 바라보는 눈을 갖게 되고, 그 눈으로 다른 사람이나 세상을 바라봅니다. 즉, 자라면서 양육자와 경험했던 것들을 다른 대상과의 경험으로 확장시키는 것이지요. 친구와 직장동료뿐만 아니라 배우자와 자녀 관계에서도 긴밀한 영향을 끼칠 가능성이 굉장히 높습니다. 특히 심리학에서 전 생애에 걸친 발달 추세를 연구한 결과, 부모-자녀 사이의 애착은 평생을 거쳐 지속될 뿐만 아니라, 그다음 세대로까지 이어진다고 알려져 있습니다.

세 가지 애착 유형

♥ ♥ ♥ ♥

애착 이론의 유명한 실험이 있습니다. 바로 미국 심리학자 메리 에인스워스Mary Ainsworth가 진행한 '낯선 상황 실험'입니다. 만 1세의 어린아이들이 낯선 상황에 놓였을 때, 감정조절을 어떻게 하는지를 살펴보는 실험으로, 아이들이 엄마와 맺고 있는 관계에 따라 자신의 감정을 어떻게 진정시키는지 확인할 수 있습니다.

실험 상황을 살펴보면, 아이들은 낯선 공간에 엄마와 함께 들어갑니다. 아이들은 엄마 곁에 있다가 시간이 지나면서 서서히 엄마 품을 벗어나 주변을 탐색합니다. 그곳에 있는 장난감에 관심을 가지고 만지며 놉니다. 그러다 낯선 사람이 들어와 아이와 같은 공간에 함께하게 됩니다. 잠시 후 엄마가 조용히 문밖으로 나가버리지요. 놀잇감에 빠져 놀고 있던 아이들이 엄마가 방 안에 없다는 것을 알아차렸을 때와 엄마가 다시 돌아왔을 때 어떻게 반응하는지 그 행동을 관찰합니다.

메리 에인스워스는 아이들의 반응과 행동을 통해 안정 애착, 회피형 불안정 애착, 저항형 불안정 애착 이렇게 세 가지로 구분했습니다.

안정 애착

아이들은 대부분 엄마가 없다는 것을 알아차렸을 때 당황하면서 긴장감을 보이기도 하고 엄마를 찾습니다. 엄마가 사라진 것을 알아차리면 문 앞으로 가서 엄마를 찾으며 울기 시작합니다. 그리고 엄마가 돌아오면 엄마에게 안겨 위로받으며 점차 진정을 하지요. 그러고는 가지고 놀던 장난감으로 주의를 돌립니다. 안정을 되찾았으니 원래 하던 탐색 활동을 하는 거지요. 이런 반응을 보여주는 아이들은 건강한 유형인 안정 애착으로 구분됩니다.

회피형 불안정 애착

반면에 엄마가 나가도 아무렇지도 않게 멀뚱히 있거나 엄마가 돌아와도 별다른 반가움을 표현하지 않는 아이들도 있습니다. 이런 아이들을 회피형 불안정 애착으로 구분합니다. 회피형 불안정 애착은 아이와 양육자 사이에 분리에 대한 저항이 거의 없고, 양육자를 피하거나 무시하는 경향을 보이는 것이 특징입니다.

이 아이들은 겉으로는 엄마의 부재와 재회에 별다른 영향을 받지 않는 것처럼 보입니다. 엄마가 방을 떠나도 울지 않으며, 엄마가 돌아왔을 때도 무관심해 보였습니다. 하지만 이 아이들의 침에 있는 코르티솔이라는 스트레스 호르몬 수치를 조사하자 깜짝 놀랄 결과가 나왔습니다. 엄마가 나가도 겉으로는 아무렇지 않아 보이던 아이들의 침 속에서 코르티솔 호르몬 분비가 많이 증가하였고, 엄마가 돌아와도 그 수치가 다시 줄어들지 않았던 겁니다. 이는 별다른 감정 변화를 보이지 않는 것처럼 보이던 아이들도 실제로는 고통스러운 감정을 느꼈다는 뜻입니다. 하지만 아이들은 엄마에게 자신의 감정을 표현해도 알아주거나 자신의 욕구를 충족시킬 수 있다는 확신이 없기 때문에 아예 표현하지 않는 쪽을 선택하고, 그 과정에 적응해 버린 것이지요.

이 아이들이 이런 선택을 하게 된 이유는 분명합니다. 인간은 모두 '고통'을 싫어합니다. 고통은 피하고, 즐겁고 편안함을 위한 행동을 추구하는 것이 본능입니다. 이 아이들은 자신의 고통을 표현해도 그것이 받아들여지지 않는다는 것을 그간의 경험으로 알고 있고, 거절됐을 때 느끼는 고통이 처음 느꼈던 고통보다 더더욱 크기 때문에 아예 표현하지 않기로 선택한 거지요.

덜 고통스럽고 생존에 더 유리한 행동을 선택한 셈입니다. 인간은 이렇게 아주 어릴 때부터 자신에게 유리한 생존 방식을 선택하며 살아갑니다. 정말 놀라운 적응력입니다. 부모의 태도에 적응하지 않으면 자신이 더 큰 고통을 느끼기에, 그 고통을 최소화할 수 있는 방법을 스스로 터득한 겁니다. 하지만 코르티솔 수치를 통해 실제로는 스트레스를 받고 있음을 알 수 있었습니다.

저항형 불안정 애착

저항형 불안정 애착 유형의 아이들은 낯선 공간에서 불안해하며 엄마 옆에 계속 붙어 있으려 하고 새로운 환경을 탐색하기 어려워합니다. 특히 엄마와 분리된 후 다시 만났을 때 강력히 저항하는 특징을 가지고 있습니다. 어떤 아이들은 엄마가 돌아와 안아줘도 쉽게 진정이 되지 않습니다. 안정감을 얻기보다는 자신을 두고 간 엄마를 질책하듯 더 크고 더 심하게 엄마에게 매달려 울어댑니다. 이 아이들은 자신의 욕구가 어느 때는 부모가 알아채어 충족되고, 어느 때는 충족되지 않았던 경험 때문에 자신의 욕구를 아주 충동적이고 강렬한 방식으로 표현하는 겁니다. 엄마가 자신이 원하는 것을 확실히 알아차리고 반응할 수 있도록 말이죠.

관계 속에서 변화하는 감정 표현 방식

♥ ♥ ♥ ♥

아이마다 다른 애착 유형은 아이가 부모라는 환경에 적응하기 위해서 어떻게 상호작용해야 하는지를 관계의 경험 속에서 터득해 얻은 결과물입니다. 아이는 고통을 피하고 자신에게 안전한 방법을 터득합니다. 에인스워스의 실험은 어린아이가 자신에게 주어진 환경에 얼마나 잘 적응하는지 보여주는 놀라운 실험이기도 하지만, 아이 입장에서 보면 부모에게 적응하지 않으면 자신의 생존이 위태로울 수밖에 없으니 당연한 결과이기도 합니다.

처음부터 자신의 불편한 감정을 스스로 잘 진정시키고 안정되게 만들 수 있는 사람은 없습니다. 아이들은 부모로부터 진정되고 안정되었던 반복된 경험을 통해서, 점점 스스로를 진정시키고 자신의 감정을 조절할 수 있는 힘을 키우게 됩니다. 감정조절은 다른 사람을 통해서 진정되었던 경험이 있어야만 스스로를 진정시킬 수 있는 자기조절이 가능해집니다. 감정은 우리 모두 갖고 태어나지만, 감정조절 능력은 후천적으로 학습되고 계발되는 영역입니다.

물론 아이의 기질에 따라, 부모가 진정시키기에 매우 힘든 경우도 있습니다. 너무 예민하거나 까다로워 잘 달래지지 않는 기질을 가진 아이는 부모-자녀의 애착관계에 영향을 줄 수 있습니다. 부모로서 한계를 느끼게 만들지요. 이런 아이의 부모는 억울함을 호소하기도 합니다. 나 몰라라 하고 방임한 것이 아니라, 아이의 기질로 부모도 지쳐 나가떨어지거든요. 더 많은 인내와 노력이 요구되는 경우에는 엄마 한 명의 사랑과 의지에 기대는 것이 아니라, 더 많은 사회적 지지와 도움이 반드시 필요합니다. 애착은 주양육자(주로 엄마)와 자녀 간에 형성되지만, 안정 애착을 위해 엄마가 질 높은 양육을 제공할 수 있도록 주변 여건이 갖춰져야 합니다.

애착 관계는 감정조절을 학습하고 계발할 수 있는 환경을 제공합니다. 부모가 아이의 마음을 알아주고 적절하게 반응함으로써 아이의 감정조절 능력을 발달시키는 데 도움을 줄 수가 있습니다. 하지만 부모가 아이 마음 상태를 헤아려주는 능력이 부족하다면, 아이의 감정조절 기술이 발달하기가 조금 어렵습니다. 아이는 자신의 마음을 헤아리는 방법을 배우지 못했기 때문에, 스스로를 진정시키기는 더 어려울 수밖에 없지요.

아이들은 자신의 불편한 감정들을 스스로 진정시키지 못하기 때문에 밖으로 내놓습니다. 쓴 것을 먹으면 곧바로 뱉어버리듯, 감당하기 힘든 감정을 다루지 못해서 밖으로 꺼내놓는 겁니다. 이는 부모를 괴롭히려는 게 아닙니다. 부모의 위로를 바라고, 자신을 진정시켜 주기를 기대하는 겁니다. 이런 아이의 신호에 부모가 적절하게 반응해 주면 아이를 진정시킬 수 있고, 아이 또한 자신을 진정시키는 방법을 부모를 통해서 경험으로 배울 수 있게 됩니다.

안정 애착을 위해 필요한 두 가지

♥ ♥ ♥ ♥

아이가 자신의 감정을 적절하게 표현하고 다루기 위해서는 자신이 안전하다고 느끼는 환경이 중요합니다. 안정 애착 상태에서 가능한 거죠. 부모는 어떻게 아이에게 이런 환경을 만들어 줄 수 있을까요?

첫째, 나와 아이의 감정과 그 의미를 민감하게 알아차린다

부모가 자신의 감정에만 매몰되어 있으면, 아이들이 보내는 신호를 알아차리기 힘들고, 아이들의 관점에서 생각하고 이해하며 공감하는 것이 어렵습니다. 대신 부모가 자신과 아이를 분리해서 생각하면 각자의 감정과 의미를 민감하게 알아차릴 수 있습니다. 아이의 감정에 오롯이 집중해서 관찰해 보세요.

둘째, 아이가 보이는 현재의 욕구에 적절하게 반응한다

대부분의 부모들은 아이가 어떻게 느끼고 반응하는지보다는 부모 자신의 욕구에 기반해 아이를 돌봅니다. 하지만 안정 애착을 위해서는 제일 먼저 부모가 자신이 아닌 아이의 현재 욕구와 감정을 민감하게 알아차리고, 알아차린 아이만의 욕구에 적절하게 반응할 수 있어야 합니다.

부모가 아이가 원하는 반응을 하거나, 아이에게 꼭 필요한 공감이나 위로를 해줄 때, 아이는 다른 사람을 공감하는 능력을 지닌 어른으로 성장할 수 있습니다. 부모가 아이의 마음 상태를 알아주고 그에 맞는 반응을 해주는 경험이 반복될수록 아이는 자신이 느끼는 감정에 대한 의미를 더 잘 이해하고 거기에 대응하는 힘을 키울 수 있는 겁니다.

유아기 애착 형성 시기가 지났더라도 결코 늦지 않았습니다. 아이들은 지금부터 경험하는 부모와의 관계에서 또 빠르게 적응하고 배울 테니까요. 부모가 변하면 아이들도 달라집니다.

내 경험과 아이의 경험 구분하기

+ 열 살, 여덟 살 두 딸을 키우고 있는 엄마.

둘째는 늘 언니 옷을 물려 입다가 여덟 살이 되면서 덩치가 점점 커지기 시작해 이제 자신만을 위한 새 옷을 사게 되었습니다. 이것을 본 첫째가 입을 삐죽하고 나와 불만을 표시합니다.

"○○만 새 옷 사주고…."

엄마는 이런 첫째의 행동이 못마땅했습니다.

'매번 새 옷을 사 입었으면서, 왜 둘째 새 옷 사는 걸 질투하지?'

'아니, 내가 해줄 거 다 해줬는데 왜 또 저렇게 짜증 부리고 저러고 있어.'

'할 말이 있으면 좀 또박또박 크게 해야지, 왜 조그맣게 얘기해. 아이고 답답해라.'

엄마는 첫째가 툴툴거리는 모습이 적절하지 않다고 여겼고, 더 나아가 첫째가 웅얼거리며 투덜거리는 모습이 이어지자 답답함과 함께 울화가 치밀었습니다.

위 사례에서 엄마가 느끼는 감정을 자세히 들여다보면, 엄마 자신의 경험이 섞여 있는 걸 발견할 수 있습니다. 상담을 해보니 엄마는 언니에게 치여 지냈던 둘째였습니다. 가정형편 때문에 늘 언니 옷을 물려 입었습니다. 불만이 있어도 그것을 들어주는 사람은 없었습니다. 그래서 하고 싶은 말이 있어도 벼르고 벼르다가 웅얼웅얼 소심하게 겨우 자기 마음을 표현하곤 했습니다. 첫째의 행동이 엄마의 어릴 적 경험에서 해결되지 않았던 감정들을 자극한 것이지요. 즉, 지금 첫째가 발생시킨 화에 엄마 자신의 경험이 보태져서 더 큰 화가 난 것입니다.

우리는 이것을 구분할 수 있어야 합니다. 물론 나의 경험이 섞이지 않고, 그 상황에 알맞고 적절한 만큼만 내 감정을 발생시키고 표현하기란 쉽지 않습니다. 내 안에 해결되지 않은 감정이 많으면 경험에서 발생했던 이전의 감정들이 더 자주 현재 상황에 섞이기 마련입니다.

지금 내가 느끼는 화가 아이가 나한테 유발하는 것만이 아니라, '과거의 내 감정을 보태서, 그래서 지금 내 화가 더 커졌다는 것'을 구분할 수 있어야 합니다. 화가 날 수 있는 상황이지만 '과거의 내 화까지 얹혀 '지금 내가 더 힘든 거구나'라고 느낄 수 있다면, 아이에게 화나는 마음을 멈출 수 있습니다. 그래야 나의 반응도 딱 그만큼만 나타낼 수 있고, 아이도 덜 억울합니다.

90-10 법칙

♥ ♥ ♥ ♥

미국의 저명한 정신건강의학과 교수이자 심리학자인 존 앨런 Jon Allen 박사는 애착 외상에 대해 연구한 자신의 책에서 "90-10 법칙"을 언급했는데요, 우리가 일상에서 겪는 사건 자체보다 그것을 어떻게 경험하고 있는지가 더 중요하다는 뜻입니다. 많은 경우 과거의 경험에서 비롯된 감정들이 지금의 반응에 영향을 줍니다. 즉, 현재 상황에 대해 보이는 감정의 90퍼센트는 과거의 경험에서 비롯된 것이고, 나머지 10퍼센트만이 현재 상황으로 인해 발생한다는 겁니다.

형에게 장난감을 잘 양보하는 둘째를 매우 안쓰러워하는 엄마가 있었습니다. 둘째에게 "네가 양보하지 않아도 돼. 네가 가지고 놀고 싶으면 그래도 돼"라고 번번이 말해도, 둘째는 형이 달라고 하면 망설이지 않고 자신의 장난감을 내밀곤 했습니다. 엄마는 둘째의 마음 씀씀이에 감동하거나 칭찬하기보다는 이런 둘째가 안

쓰럽게 여겨졌습니다. 그리고 둘째 것을 제 것인 양 달라고 요구하는 첫째가 괘씸하다는 생각이 들었다 합니다. 그런데 이런 자신의 감정이 적절치 않다는 생각이 들었습니다. 이 또한 과거 자신의 경험과 현재 아이들의 경험에서 발생한 감정들이 섞여 있기 때문입니다. 이 엄마는 어렸을 때 무조건 언니에게 양보를 강요받아 억울했던 마음을 가지고 있었거든요.

또 다른 엄마는 아이의 사교성이 부족한 모습에 매우 불안해했습니다. 어린 시절, 친구들과 두루두루 잘 지내고 싶었는데 그러지 못했던 자신을 떠올리며 그때 느꼈던 아쉬움과 욕구에 대한 결핍을 아이에게 얹어 바라보았기 때문입니다.

아이의 욕구와 부모의 욕구는 다를 수밖에 없습니다. 그런데 다수의 부모가 그것을 구분하지 못하고 자신이 느꼈던 불편함을 아이가 느끼지 않도록 애를 씁니다. 정작 아이는 부모가 그렇게 함으로써 불편함을 느끼는데 말이죠.

이렇게 내가 했던 과거의 정서적인 경험이 지금 사건에 대한 나의 해석과 생각을 만들고, 그 생각이 지금 내가 보이는 감정 반응에 영향을 미칠 때가 많습니다.

감정의 의미를 살피는 것이 변화의 시작

♥ ♥ ♥ ♥

많은 부모들이 아이를 키우면서 자신이 느꼈던 불편함이나 불안감 등 세상의 그 어떤 부정적이고 나쁜 것으로부터 내 아이를 안전하게 보호하겠다는 다짐을 합니다. 그런데 자신이 경험했던 좌절을 내 아이는 절대 겪지 않도록 단속하며 '안전'에만 치중하다 보면, 아이가 원하는 '진짜 행복'과는 멀어지는 아이러니한 결과를 마주하게 됩니다. 부모가 어린 시절 좌절을 견디는 것을 너무 고통스러워했다면, 아이가 좌절 경험을 하지 않도록 과잉보호하게 됩니다. 이는 결국 아이가 좌절을 견뎌내는 힘을 키울 기회를 박탈하는, 건강하지 않은 방향의 양육이 됩니다.

우리가 기억하지 못하더라도 우리 마음과 몸은 많은 것을 기억하고 있습니다. 기억하지 못한다고 없었던 일이 되는 것도 아닙니다. 정신분석의 창시자 프로이트Sigmund Freud는 '반복강박'이라는 말로 이를 설명했습니다. 그는 "알아차리지 못하면 그것을 행동으로 반복한다"라고 했는데요. 내 경험과 아이의 경험에 나의 미해결된 감정까지 더해 더 큰 화를 내고 있다면, 자신의 경험을 좀 더 탐색해 봐야 합니다. 사랑하는 아이와 건강한 애착 관계를 맺기 위해서는 부모 자신의 미해결된 감정들을 먼저 돌봐야 합니다. 자신을 더 잘 이해할수록 자신의 감정을 더 잘 견뎌낼 수 있습니다. 왜 그런 행동을 하고 있는지 이해하고 나면 좀 더 편안하고 적절하게 반응할 수 있고, 심지어 다르게 반응하는 것도 가능해집니다.

부모는 아이를 사랑하는 마음으로, 아이가 더 잘 됐으면 하는 마음에 좋은 의도를 담아 아이를 대합니다. 하지만 이것은 아이가 보이는 현재를 관찰하지 않은 채 부모의 욕구에만 몰입하게 만들고, 아이가 지금 필요로 하는 것에 적절하게 반응하는 것을 어렵게 합니다. 아이가 보이는 신호를 잘 관찰하고 오해 없이 해석하기 위해서는 부모 자신의 상처와 결핍으로 인해 나오는 반응과 부적절한 생각, 행동을 알아차릴 수 있어야 합니다. 즉, 오직 부모 자신의 기대에 따른 반응을 아이의 필요성과 조율해 적절한 반응과 행동으로 수정해 나가면 아이와 건강한 애착을 맺을 수 있습니다.

아이가 피곤하거나 스트레스를 받아 마음이 불편할 때 자주 짜증을 내는 까탈스러운 아이로만 보지 말고, 아이가 보이는 반응의 의미와 맥락을 알아봐 주려는 마음을 가져야 합니다. 예를 들어, 아이가 숙제를 할 때 부모는 바른 자세로 책상에 앉아 다른 것에는 한눈팔지 않고 해야 할 숙제에 집중해서 정해진 시간 내에 잘 끝냈으면 하는 기대가 있을 겁니다. 그런데 아이가 엉덩이를 의자 끝에 걸친 채 구부정한 자세로 책상에 앉아 있거나 연필을 만지작거리다가 바닥에 떨어트린다든가 책상 앞에 놓인 연필깎이나 지우개만 들여다보고 있으면 속이 터집니다. 아이의 앉은 자세나 부산스럽게 움직이는 것이 거슬려 고쳐주고 싶은 마음이 커서 아이가 어떤 이유로 그러는지 살펴볼 여유를 갖기가 어렵습니다. 부모는 자신의 현재 마음 상태를 몸으로 표현하는 아이를 보며, 하기 싫은데 억지로 하고 있다고 쉽게 단정해 버립니다. 그러나 부모에게 야단맞고 싶어 하는 아이들은 없습니다. 아이에게 무엇이 필요한지, 어떤 점이 어려운지 살펴봐 주세요. 혹은 정말 하기 싫은데 억지로 하고 있다면, 아이의 긴장감이라도 알아줘야 합니다. 물론 부모의 기대를 잠깐 뒤로하고 아이가 필요로 하는 것에 먼저 주의를 기울이는 것이 말처럼 쉽지는 않을 거예요.

안정 애착의 형성은 아이가 스트레스를 받는 상황에서 부모에게 도움을 구할 수 있다고 기대하고, 부모도 자녀에게 도움을 주려는 상호작용을 할 때 가능합니다. 즉, 아이에게 부모를 통해 자신의 불편한 감정을 조율해 나갈 수 있다는 믿음을 주는 것에서 출발합니다. 그러기 위해 부모는 아이의 마음에서 어떤 일이 일어나고 있는지를 적극적으로 상상해 봐야 합니다. 아이가 겪고 있는 심리적 어려움에 부모가 관여해서 함께 다루어야 합니다. 빨리 처리하려고 "그만해" 하고 덮어버리는 것도 문제지만 "속상했구나" 같은 말로 감정읽기에서 끝나면 안 됩니다. 감정을 헤아린 후 아이의 행동을 해석해 주어야 합니다. 부모를 통해서 안정감을 느끼는 경험을 아이가 쌓아나갈 수 있도록 하는 겁니다.

애착 유형에 관한 연구 결과에 의하면, 한 번 형성된 애착 관계는 고정되는 것이 아니라 변화할 수 있다고 합니다. 이제라도 나와 가깝고 친밀한 사람과의 관계에서 상호작용하는 방식이 달라진다면, 건강한 애착으로의 변화는 항상 그 가능성이 열려 있습니다. 그러기 위해서 부모 자신이 어떤 어려움을 가지고 있는지를 먼저 이해하는 과정이 필요합니다.

아이의 자존감은
밖에서 만들어져 안으로 채워진다

심리학자 도널드 위니코트Donald Winnicott는 "거울보다 먼저 보는 것은 엄마의 얼굴이다"라고 했습니다. 아이들은 부모가 아이의 마음을 알아주고 반응해 주는 방식을 통해서 자신이 어떤지 알아갑니다. 아이들은 처음부터 저절로 자신의 마음이 어떤지, 왜 그런 감정이 드는지 알지 못합니다. 부모가 아이가 겉으로 드러내는 비언어적 반응들을 관찰해서 그것에 담긴 의미를 표정으로 표현해 주거나 언어로 들려주면(비춰주면) 아이들은 그제야 자신의 행동과 감정에 대한 의미를 알게 됩니다. 예를 들어, 손톱을 물어뜯고 있는 아이에게 염려하는 표정을 지으며 "너 지금 무언가가 불안한 거니?" 또는 "뭔가 걱정되는 게 있는 거야?" 하고 알아봐 주는 것을 통해 아이는 자신의 마음상태를 더 잘 이해할 수 있습니다.

아이들이 마음을 배우는 과정

♥ ♥ ♥ ♥

아이는 자신이 원하는 대로, 하고 싶은 대로 할 수 없는 경우가 많습니다. 무언가를 스스로 해낼 힘도 부족하고, 자원을 활용하는 능력도 부족하기 때문입니다. 또한 욕구가 좌절될 때마다 느끼는 불쾌한 감정을 감당할 능력이 없습니다. 어떻게 처리해야 하는지 모르지요. 좌절이나 충동, 그리고 긴장을 견디는 힘이 부족하기에 끊임없이 밖으로 꺼내놓습니다. 부모는 아이가 내놓은 것을 담아줄 수 있어야 합니다. 아이는 자신의 마음이 어떤지 잘 모르기 때문에 부모가 표정이나 목소리에 또는 언어로 아이가 느끼고 있는 감정에 의미를 부여해 아이가 이해할 수 있도록 거울처럼 비춰줍니다. 이것을 '아이의 마음을 비춘다'고 표현합니다. 아이는 이런 과정을 반복해서 경험하며 자신의 불안, 슬픔, 화 등의 불편한 감정을 다루는 방법을 배우게 됩니다.

하지만 아이가 자신이 처리하지 못하는 감정을 밖으로 내놓았는데, 아무도 받아주지 않고, 아이가 감당할 수 있는 크기로 재해석해서 돌려주지 않는다면(비춰주지 않으면), 아이는 그것이 무엇인지 알 수 없기에 더 두려워합니다. 정체를 모르니 어떻게 감당해야 할지도 모르고, 처리하는 방법도 모르기 때문이지요. 사람은 모르는 것에 대해서는 더 큰 불안감을 느끼기 마련이니까요.

아이는 부모와의 관계 속에서 자신이 느끼는 감정의 정체를 알아차리고, 이것을 말로 표현할 수 있는 경험을 할 수 있어야 합니다. 부모가 아이의 마음을 대신 말로 표현해주는 것을 통해서 아이가 듣고 배우며, 연습하게 됩니다. 즉, 부모가 아이의 마음을 거울에 비춰 보여주면, 아이는 거울에 비춰진 그 마음을 보고 자신의 마음을 알아가는 거지요. 자신이 지금 느끼는 감정이 속상한 건지, 화가 난 건지, 서운한 건지, 외로운 건지, 아쉬운 건지, 심심한 건지… 비로소 알 수 있게 되죠.

아이를 비춰주는 부모의 거울 모양 체크하기
♥ ♥ ♥ ♥

부모가 가진 자신의 모습 중 싫은 점을 아이가 갖고 있다면 어떤 느낌일까요. '싫다, 짜증 난다'의 정도를 넘어서서 끔찍한 기분이 들지도 모릅니다. '이거 나랑 똑같네'라는 생각을 할 때마다 참담함을 느끼고, '아이가 나처럼 되면 어떡하지'라는 불안감에 휩싸이게 됩니다. 특히 과거 나약했던 자신의 모습을 떠올리게 만드는 아이의 어떤 모습들은 부모를 견디기 어렵게 합니다. 이것을 알아차리고 멈추는 연습을 해야 아이를 있는 그대로 잘 비춰줄 수 있습니다.

✢ 아빠가 초등학교 1학년 아들에게 수영을 배우라고 이야기합니다. 아내에게도 당장 수영장을 알아보고 등록하라고 권합니다.

아들은 수영에 전혀 관심이 없고, 엄마도 조금 더 커서 배우면 훨씬 더 잘 습득할 수 있을 것 같아 서두를 필요가 없다는 입장이었습니다. 하지만 아빠는 퇴근 후 아내에게 수영장을 알아봤는지를 확인하고 재차 수영의 중요성에 대해 강조했습니다. 아내는 그다지 급하다고 생각하지 않았지만, 남편의 말이 틀린 것도 아니고 재촉을 하니 수영장을 알아보고 아들에게도 다음 달부터는 무조건 수영장에 가야 한다고 다짐을 받아두었습니다.

수영이 중요하다고, 꼭 다녀야 한다고 강조를 넘어 강요했던 아빠는 사실 자신이 '어릴 때 수영을 배웠더라면…' 하는 아쉬움을 가지고 있었습니다. 어깨가 좁은 편이었는데 그것이 늘 마음에 걸렸고, 아직도 옷을 입을 때마다 신경이 쓰였거든요. 그러다 보니 아들은 일찌감치 수영을 배우도록 할 참이었습니다. (사실 수영을 배운다고 모두 어깨가 넓어지는 것도 아닌데 말이죠) 아직 초등학교 1학년인 아들은 어깨가 좁은 것에 대한 열등감은커녕 신경조차 쓰지 않는데, 아빠는 혹시 모를 미래의 일을 대비하고 싶은 마음이 컸던 겁니다.

아빠에게는 아들이 수영을 배우는 것이 자신의 어린 시절 좁은 어깨에 대해 가졌던 열등감을 회복하는 길이었던 셈입니다. 이렇듯 부모가 하는 어떤 행동이나 결정은 아이와 상관없이 부모 자신의 충족되지 못한 욕구나 기대와 연결된 경우가 많습니다. 이것은 아이가 '주체'가 아니고 부모 자신이 '주체'가 되는 것이지요. 아이는 자신이 주체가 되는 삶을 살아야 하는데, 부모가 어린 시절 자신의 마음을 회복하려는 시도를 하고 있는 겁니다.

아이에게서 자신의 싫은 모습을 발견할 수는 있습니다. 하지만 현명한 부모라면 아이가 성장함에 따라 건강한 분리를 할 수 있어야 합니다. 부모가 어린 시절 미숙한 눈으로 가졌던 자신에 대한 관점을 이제 어른의 성숙한 시각으로 수정해야 합니다. 그래야 아이를 또 하나의 나로 대하는 것이 아니라 독립된 존재로 인정하고, 있는 그대로 바라볼 수 있습니다. 미니미 룩을 만들어 아이에게 똑같이 입히며 부모의 취향을 고집하는 것이 아니라 아이가 자신의 취향을 찾아갈 수 있도록, 자기 삶을 살아갈 수 있도록 도와줄 수 있습니다.

자존감의 중요한 요인, 건강한 애착

♥ ♥ ♥ ♥

우리가 자기 자신을 어떻게 생각하는지는 애착 관계에 있었던 중요한 인물과의 관계에 따른 결과물입니다. 그 중요한 인물은 주로 부모를 가리키고, 부모가 아이를 어떻게 바라보고 표현해 주는지, 또 아이의 경험에 어떤 의미를 부여하고 해석해 주는지에 따라 아이의 자기상은 긍정적일 수도 부정적일 수도 있습니다. 부모의 기대나 욕구가 더해진 것이 아니라, 아이가 느끼고 생각하고 있는 것을 알아주는 것을 통해서 아이는 자기 자신에 대한 느낌이나 생각 등 전반적인 자신에 대한 긍정적인 확신을 가질 수 있습니다. 자존감의 토대가 되는 성숙한 자기상은 부모가 아이를 어떻게 비춰주는지에 따라 달라집니다. 그런데 부모는 자신의 자존감을 충족시키기 위해 아이들을 통제하기도 합니다. 자녀가 공부를 잘하는 것을 매우 중요하게 여기거나 자녀가 실패하면 자신이 초라해지는 것 같은 기분이 들면 아이를 있는 그대로 바라보고 대하기가 어렵습니다.

불안 때문에 안전한 삶이 무엇보다 중요한 부모는 그것을 추구하는 방향으로 아이에게 강요하고 통제하기 쉽습니다. 그러니 내 결핍에서 비롯된 욕망이 무엇인지 알려는 태도가 중요합니다.

아이들에게는 성숙한 어른의 마음이 필요합니다. 부모가 비춰주는 그 거울에 보여지는 자신을 진짜 자기라고 믿게 되니까요. 그러니 부모가 갖고 있는 거울이 깨끗하고 깨지지 않아야 아이를 잘 비춰줄 수가 있습니다. 이미 깨졌다면 어떡하냐고요? 복구 방법이 있습니다.

〈금쪽같은 내 새끼〉 방송을 한 번쯤 보셨을 겁니다. 해당 프로그램에서 국민 육아 멘토 오은영 박사님은 부모 대신 아이의 마음을 헤아려주고, 아이들은 그런 박사님에게 조금씩 마음의 문을 열기 시작합니다. 또 박사님은 부모에게는 아이와의 상호작용을 통해 아이의 마음을 헤아리는 방법을 알려줍니다. 부모는 그 가르침에 따라 아이가 겉으로 보이는 반응을 관찰하고, 관찰한 것을 바탕으로 아이의 마음을 헤아리는 연습을 해봅니다. 그렇게 아이 마음을 헤아려줄 때의 아이의 반응도 관찰합니다. 부모의 대응 방식이 달라지면 아이가 달라집니다. 시행착오를 거치면서 이 과정을 반복적으로 연습하고 훈련하다 보면 몸에 체득이 되지요. 시간이 많이 걸리는 지난한 과정이기 때문에 천천히 느긋하게 가야 합니다. 그렇기에 포기하지 않는 집요함이 중요합니다.

Chapter 2

건강한 애착으로 가는
준비 단계

내 마음을 알아차리면
말투가 바뀐다

+ 진희 씨는 우연히 아이가 좋아하는 로봇코딩 수업을 발견해 신청했습니다. 지하철과 버스를 타고 편도 한 시간 남짓 걸리는 곳에 위치한 도서관에서 하는 수업입니다. 신청할 때는 아이가 좋아할 것만 생각했는데, 수업일이 다가오자 더운 여름에 아이와 둘이 대중교통으로 환승까지 하면서 가는 것이 내키지 않았습니다. 아이에게 두세 번 넌지시 다른 수업을 찾아 추천해 봤지만, 아이는 로봇코딩 수업이 꼭 하고 싶다고 했습니다.

수업을 들으러 가는 첫날, 진희 씨는 집을 나서기 전 확인할 것이 있어 일정을 표시해 둔 달력을 찾는데, 식탁 한쪽 자리에 있던 달력이 안 보입니다.

"엄마 달력 네가 만졌어? 어디 뒀어?"

"나는 안 만졌어~. 몰라."

"그래? 같이 좀 찾아줘~"라고 말했지만, 속으로는 '네가 만지고 아무 데나 두지 않았다면, 그 달력이 발이 달린 것도 아닌데 도대체 어디에 갔다는 거야! 나는 늘 한 곳에 두는데, 그 자리에 없다면 만진 사람은 너뿐이야'라는 생각이 들면서 거짓말하는 아이가 괘씸해지고, 점점 화가 나기 시작했습니다.

"너 정말 몰라? 엄마 거 안 만졌어?"

재차 물어도 아이는 "나는 모른다고!" 하고 성질을 냅니다. 진희 씨는 점점 초조해지면서 물건을 아무 데나 두고 장난감으로 거실을 엉망진창으로 만들어놓는 아이의 정리정돈 습관을 지적하며 나무라기 시작했습니다. 아이와 진희 씨의 외출 준비는 순식간에 짜증으로 번졌습니다.

요즘은 아이의 행동이 마음에 안 들어 화가 난다고 아이를 때리거나 물건을 집어던지는 폭력적인 행동을 하는 부모는 거의 없을 겁니다. 폭력적인 행동은 줄었지만, 아이의 존재 자체를 깔아뭉개는 비인간적인 말들을 퍼부으며 자신의 화를 해소하는 부모들은 간혹 있습니다.

대개의 부모는 아이에게 부모로서 마땅히 할 만한 걱정들을 바탕으로 타당한 잔소리들을 늘어놓습니다. 그러나 물리적으로 신체에 가해지는 폭력도 없고, 소리를 지르며 아이의 자존감을 깔아뭉개는 위협적인 말이나 비난을 직접적으로 퍼붓지 않는다 해도 마음속에 숨겨진 공격성을 은연중에 드러내 보입니다. 눈에 보이지는 않지만, 서로 간에 상처가 되고 관계가 멀어진다는 것, 애착 관계가 악화된다는 것을 알기에 부모들은 자신의 행동을 바꾸고 싶어 합니다. 진희 씨도 마찬가지입니다. 달력에 적힌 일정을 확인하는 것이 아이에게 짜증낼 만큼 중요한 일도 아니었는데, 기분 좋게 외출하려던 의도와 달리 마음이 상하고 감정이 격해졌습니다. 아이를 위한답시고 했던 일이 오히려 아이와의 관계를 망친 것 같고, 자신이 문제인 것 같아 괴로운 마음이 들었습니다.

이렇게 일상에서 사소해 보이는 일들이 쌓여 부모-자녀 사이의 건강한 애착을 손상시키고, 둘 사이의 거리가 점점 멀어집니다.

부모교육 쇼핑의 한계

♥ ♥ ♥ ♥

많은 부모들이 부모교육 강의를 챙겨 듣거나 육아서를 읽지만, 그것이 하나의 방패막이로 전락해 버리는 안타까운 상황들을 목격하곤 합니다. 생활에서는 여전히 아이가 문제라고 탓하며, 부모교육을 받았다는 것만으로 무언가를 하고 있다고 스스로 위안하는 부모들을 마주하면 슬프기 그지없습니다. 대부분의 부모교육이 부모로서 겪고 있는 심리적인 어려움을 다루기보다는, 부모 역할에 초점을 두고 올바른 자녀 양육을 위한 행동 지침을 알려주는 경우가 많아서이기도 합니다. 방법을 알려준다고 한들 부모들이 쉽게 적용할 수 없는데도 말이지요. 그래서 부모들은 아이한테 어떻게 해야 할지는 아는데 잘 안되니까 더 화가 나고 답답하다고 속내를 털어놓습니다.

'부모교육 쇼핑'을 다닌다고 아이를 대하는 내 마음의 태도가 저절로 변하지는 않습니다. 명품가방을 사 모은다고 해서 나의 내면이 채워지는 것이 아니듯, 부모교육 강의를 듣고 책을 읽는다고 저절로 성숙해지지 않습니다. 부모교육을 듣는 것에서 나아가 '배운 대로 해보는' 용기가 필요합니다. 그 과정에서 생기는 정서적인 고통을 견디고 마주할 수 있는 용기가 있어야 합니다. 대부분 처음에는 배운 대로 되지 않아 좌절을 경험하고, 그 과정에서 겪을 수밖에 없는 감정적 고통을 감당하기가 어려워 쉽게 이전 상태로 돌아가 버립니다. 아이에게 져주거나 야단치는 것으로 상황을 빨리 종료시켜 버립니다.

몇 년 전 부모교육 특강에서 만난 한 어머니가 기억납니다. 그녀는 제게 누가 자신의 엉덩이를 걷어차도 좋으니 정말 달라졌으면 좋겠다고 했습니다. 제 사인을 받아 가시며 눈에 띄는 곳에 두고 보며 오늘의 마음을 되새기겠다고 말씀하시던 그분은 변화에 대한 강한 의지가 보였습니다. 그리고 보이지는 않지만 그동안 숱한 실패 속에서 얼마나 힘든 시간을 겪었을지도 짐작이 되었습니다. 부모교육에서 배운 것들을 실천하며 원하는 변화에 도달하기 위해서는, 실천 과정에서 겪을 수밖에 없는 좌절과 실패를 견뎌내는 마음의 힘이 있어야 합니다. 당장 눈에 보이는 게 없어 그 과정이 만족스럽지는 않겠지만 좌절 또한 자연스러운 것이라고 인정해야 합니다. 아이들은 부모에게 세상 무엇과도 바꿀 수 없는 즐거움과 행복감을 주기도 하지만, 수많은 좌절을 안겨주는 존재이기도 하니까요.

공감대화 전에 심맹 탈출이 먼저

♥ ♥ ♥ ♥

많은 부모들이 짜증 내는 자신의 말투만 바꿔도 아이의 반응이 달라질 텐데, 다르게 말하는 게 왜 이리 어려운지 모르겠다며 답답해합니다. 자녀의 마음을 알아주는 대화 방법을 배우기 위해 책을 사서 몇 장을 펼쳐보다가 더 속이 상해 그만 덮어버렸다는 분도 많습니다.

말은 말 자체의 문제가 아닙니다. 말은 우리 안의 많은 것들을 담은 그릇입니다. 그 그릇에 담겨 겉으로 드러난 내용은 우리 마음 안에서 어떤 처리 과정을 거쳐 나오는 결과물일 뿐입니다.

부모 마음 안에 걱정이나 불안 또는 미움이 가득하면서 말만 좋게 하기는 어렵습니다. 그래서 우리는 먼저 내 마음을 보는 눈을 떠야 합니다. "자존감 높고 행복한 아이로 자라게 하는 공감 대화법", "엄마의 공감이 아이의 평생 행복을 결정한다" 등의 말들이 많은 부모들의 마음 한구석을 불편하게 만듭니다. 죄책감을 느끼게 하고 부모로서 부족하다고 여기게 만듭니다. 육아 효능감과 자신감은 물론이고 자존감마저 낮아집니다. 무턱대고 공감대화법을 암기한다고 그것을 실천할 수 있는 것도 아닙니다. 공감대화는 마지막에 드러난 결과에 해당되니까요.

　나와 아이와의 상호작용 관계에서 적절한 공감대화를 할 수 있으려면 그 이전의 과정이 필요합니다. 다른 사람(아이)의 마음을 알아주려면 내 마음부터 이해하는 것이 중요합니다. 내가 왜 그런지 알면 나를 더 잘 견딜 수 있고, 멈출 수 있습니다. 그제야 다르게 행동하기를 선택할 수 있거든요.

　심리학에서는 '심맹心盲, mindblindness'이라는 용어가 있습니다. 컴맹은 컴퓨터에 대해서 잘 몰라 그것을 이용하거나 잘 다루지 못하는 사람을 일컫고, 문맹은 글자를 배우지 못해 글을 읽고 쓰는 것이 어려운 사람을 뜻하듯, '심맹'이라는 용어를 글자 그대로 풀어보면 '마음을 읽는 법에 대해서 배우지 못해, 마음을 읽는 것이 어려운 사람'이라고 할 수 있습니다. 문맹과 컴맹에서 탈출하는 방법은 단 하나. 바로 배우고 익히는 겁니다. 그 과정을 통해 문맹과 컴맹에서 탈출해 글을 읽고 쓰는 것이 가능해지고, 컴퓨터를 잘 활용할 수 있게 됩니다.

심맹 탈출도 방법은 단 한 가지입니다. 마음을 읽고 이해하려는 과정을 반복적으로 연습하고 훈련하는 수밖에 없습니다. 내가 느끼는 감정들을 명명하고, 그 감정들이 생긴 이유를 이해하며, 이것을 이야기로 표현할 수 있도록 연습해야 합니다.

물론 무수한 시행착오를 겪게 될 텐데요. 문맹과 컴맹에서 벗어날 때 우리가 누릴 수 있는 어마어마한 혜택이 있듯, 심맹에서 벗어나면 관계에서 누리게 되는 값진 혜택들을 만나볼 수 있지요.

상대의 마음을 알아차리려면 내 마음 이해가 먼저

이때 중요한 것이 하나 있습니다. 문맹이나 컴맹에서 벗어나는 것은 모두 자신의 필요로부터 출발한다는 사실입니다. 자신의 삶에서 활용되는 지점을 넓혀갈수록 배움의 지난한 시간을 견뎌낼 수 있습니다.

심맹도 마찬가지입니다. 상대의 마음을 이해하는 것은 어렵습니다. 상상해야 하기 때문이죠. 상대에게 물어보고 확인하지 않는한 그것은 부정확하기 마련입니다. 막상 물어본다 해도 상대가 속마음을 제대로 알려주지 않을 수도 있습니다. 그래서 반드시 자기 자신, '나'로부터 출발해야 합니다. 내 마음이 어떤지 알고 이해하는 과정을 통해서, 상대의 마음을 알아차리고 이해하는 단계로 나아갈 수 있습니다. 이 순서를 꼭 기억해야 합니다. 이 순서를 지키지 못했기 때문에 그렇게 많은 육아서를 읽고 부모교육 강의를 들어도 공감대화를 제대로 하기 어려웠던 겁니다. 공감대화를 제대로 활용하면 아이의 평생 행복에 중요한 역할을 하는 자존감을 높일 수 있습니다. 그동안 우리가 나에 대한 이해를 놓쳤기 때문에 이 모든 것에서 실패할 수밖에 없었던 겁니다.

아이가 어리면 어릴수록, 또 아이가 크면 클수록 이러한 능력은 부모에게 더 중요해집니다. 아이가 어릴 때는 아이는 자신의 마음을 스스로 알아차리고 이해할 수 없습니다. 부모가 이해하고 알려주고 보여주는 것을 통해서 아이는 자신의 마음을 채워가고 발달시킵니다. 아이가 청소년기가 되면 뭐든 스스로 해결할 것 같지만, 성장 과정에 겪게 되는 정체성 혼란이나 요동치는 자신의 감정적 반응을 겪습니다. 아이 스스로도 이해할 수 없는 순간들을 만나게 되지요. "원래는 안 그랬는데, 착했던 아인데, 도대체 왜 그러는지 이해할 수 없다"고 하소연하는 부모들이 많아집니다. 이 시기 아이들은 스스로도 복잡합니다. 자기가 왜 그런지, 왜 그렇게 행동하는지 설명하기 어려운 지점들이 있거든요. 이때 부모가 아이의 마음을 이해하고 알아주려 노력하는 과정이 중요합니다.

안타깝게도 이 과정이 실패하게 되면, 부모는 아이의 행동에 대한 모든 영향력에 무기력함을 느끼기도 하고, 오히려 더 통제하려고 물리적인 힘을 쓰기도 합니다. 갈등은 걷잡을 수 없이 커지게 되지요. 관계에서 부모가 먼저 성숙함을 발휘하면, 아이도 그런 부모의 태도를 점점 더 배우게 됩니다. 부모로부터 마음을 헤아리는 기능을 물려받게 되는 것이죠.

앞 사례의 진희 씨가 '더운 여름에 대중교통으로 아이를 데리고 도서관에 가는 게 부담스럽고 버거운 마음이 드는데, 이 감정을 무시하고 억지로 하고 있어서 짜증이 나는구나' 하고 자신의 마음을 알아차렸더라면, 아이에게 화를 내는 대신 더운 여름에 멀리 떨어진 도서관에 가는 것을 버거워하는 자신의 마음을 들여다볼 수 있었을 겁니다. 그러면 아이에게 뜬금없이 어지럽혀진 거실을 지적하며 잔소리하는 행동을 멈출 수 있었을 겁니다. 이처럼 말과 행동은 내 마음 안에서 일어나는 기대, 소망, 감정 등이 겉으로 드러나는 것일 뿐입니다. 그러니 심맹 탈출이 우선되어야 합니다.

습관화된 마음 반응과 대처 방식을 알면
다르게 반응할 수 있다

+ 여덟 살 아이와 외출 준비를 할 때였습니다. 엄마는 밖에 나가는 대신 집에서 책을 보거나 장난감 가지고 노는 것을 좋아하는 아이를 어떻게든 밖으로 데리고 나가려고 여러 가지 궁리를 했습니다.

아이가 좋아하는 간식을 사주기로 하고 근처 공원에 산책하러 나가려는데, 아이가 자신의 에코백을 찾아 두리번거립니다. 에코백은 거실 중앙에 놓인 실내 자전거 손잡이에 떡하니 걸려있습니다. 조금 전에 아이가 걸어두었고, 거실 중앙에 있어 너무나 잘 보였습니다.

하지만 아이는 에코백을 못 찾겠다며 이리저리 왔다갔다 합니다. 엄마는 이런 아이의 행동이 못마땅해서 짜증이 났습니다. '나가기 싫어서 일부러 에코백이 안 보이는 척하며 시간을 끌고 있다'라고 생각했습니다.

이런 생각이 들자 엄마는 올라오는 짜증을 애써 누르며 아이를 두고 먼저 현관문을 나서며 엘리베이터가 왔다고 아이를 재촉했습니다.

엄마는 '저를 위해 내가 나가자고 사정사정해서 겨우 나가는 것'에 대한 못마땅함이 마음속에 가득차 있습니다. 그 마음으로 아이를 보니, 아이가 일부러 나가기 싫어서 굼뜨게 행동하며 자신에게 수동공격적으로 행동한다고 판단했던 겁니다. 에코백이 어디에 있는지 뻔히 알면서도 일부러 그런다고 판단한 뒤 괘씸한 마음에 에코백이 어디에 있는지 알려주지 않은 엄마야말로 수동공격적으로 행동한 건데 말이죠.

에코백을 찾아 헤매는 아이의 모습을 있는 그대로 받아들이고 "여기 있네~"라고 말해줬다면, 엄마가 원하는 대로 아이와 함께 현관문을 나섰을 테고, 마음도 가벼웠을 텐데, 엄마는 그렇게 하지 못했습니다. 아이는 아이대로 밖에 나가서 기다리고 있는 엄마가 신경 쓰여 마음이 조급해지고 초조해졌을 거고요.

아이에게 투사하지 않기

♥ ♥ ♥ ♥

위 사례의 엄마처럼 상대 행동으로부터 느끼는 내 감정을 무의식적으로 상대의 탓으로 여겨 비난하는 것을 투사projection라 합니다. 투사는 방어기제의 일종으로 내가 가지고 있는 특성 중 바람직하지 않거나 불쾌하여 인정하기 싫은 어떤 것을 다른 사람 것인 양 생각하고, 상대방을 탓하는 것을 가리키는 심리학 용어입니다. 쉽게 말하면, 나에게 존재한 것인데 상대방에게 있다고 여기는 거지요. 내가 화난 것을 의식하지 못한 채 상대방이 자기에게 화를 낸다고 생각하는 경우입니다. 즉, 주어가 '나'여야 하는데, '너'로 바꾸어서 생각하는 거지요.

투사는 전형적으로 상대방을 비난하는 형태로 자주 드러나곤 합니다. 엄마가 "네가 일부러 그러는 거 아니야?"라고 아이를 탓하는 것처럼요. 실은 아이에 대한 못마땅한 마음 때문에 아이가 에코백을 일부러 찾지 않는다고 엄마가 혼자 넘겨짚었는데도, 마치 그것이 아이가 실제 그런 마음을 가지고 있는 것처럼 여기게 됩니다.

투사는 크게 두 가지 경우로 구분할 수 있습니다.

첫째, 어린 시절 자신의 충족되지 않았던 기대나 바람을 아이나 배우자에게 투사합니다.

둘째, 자신의 불편한 마음을 감당하지 못하면 투사하곤 합니다.

첫 번째 경우는 다음과 같은 상황입니다.

+ 아이가 사달라는 과자를 마음껏 사주고 싶어요. 사달라는 장난감도요. 내가 어렸을 때 집이 가난해서 그러지 못했거든요. 갖고 싶었던 장난감, 먹고 싶었던 과자. 내가 못했던 것들을 아이들에게 다 해주고 싶어요. 그랬더니 지금 가계 재정이 완전 엉망이에요. 아이들한테 너무 많은 돈이 들어갔더라고요

⋮

+ 어렸을 때 엄마 곁에 있지 못했어요. 초등학교 때 엄마가 일을 하셨거든요. 그게 얼마나 힘들었는데요. 아이 곁에는 꼭 엄마가 있어야 해요. 나는 살뜰히 하나하나 다 챙겨주고 싶어요. 근데 아이가 숨 막히다고 저리 좀 가라고 해요.

⋮

+ 아이가 친구들이랑 못 어울려서 걱정이에요. 저도 두루두루 친하게 지내는 성격이 못 되서, 무리지어 노는 아이들을 보면 항상 부러웠거든요. 내 아이도 그럴까 봐 너무 걱정돼요.

⋮

+ 뭘 물으면 자신 있게 대답하지 못하는 첫째를 볼 때마다 답답해서 미칠 것 같아요. 우물쭈물거리는 아이의 대답을 기다리다 결국 제가 한 소리를 하게 돼요. 어렸을 때 내가 그래서 어른들은 그렇게 답답해했나 싶은 생각이 들고요. 그럴 때마다 뭐라고 말하면 좋을지 몰라 빨리 말하지 못했어요. 괜히 혼만 나서 억울했던 내 마음을 기억하면 아이를 이해해줘야 하는데, 너무 답답해서 그러기가 어렵더라고요.

⋮

이런 상황들이 아이를 있는 그대로 바라보고 인정하지 못하는 이유입니다. 당장 투사를 멈추어야 합니다. 대부분의 부모는 아이를 있는 그대로 보는 것이 아니라 부모인 나라는 거울에 비춰, 나를 통해 아이를 봅니다. 아이의 마음속에서 어떤 일이 일어나고 있는지를 나 자신의 경험과 생각에 비추어 이해하고 예측합니다. 나라는 거울이 왜곡 없이 그대로 아이를 비춰주면 좋겠지만 안타깝게도 그렇지 못한 경우가 대부분입니다. 자신의 다양한 모습, 특히 살면서 마음에 들지 않았던 내 모습, 바꾸고 싶었던 내 모습이 담긴 거울을 통해 아이를 비춰보는 경우가 많습니다. 그동안 이렇게 아이를 봐왔다면, 이제는 아이는 나와 다른 환경에서 다른 경험을 하며 자란다는 것을 기억해 주세요.

두 번째, 자신의 불편한 마음을 감당하지 못하는 경우를 알아볼까요?

앞에 나온 엄마의 사례처럼 자신의 불편한 마음을 감당하지 못하면 다른 사람에게 투사하곤 합니다. 그래서 주변 사람을 많이 원망합니다. 좀 더 정확하게 말하면, 투사는 한다, 안 한다는 선택의 문제가 아니라 '투사가 되는 것'이라고 볼 수 있습니다. 무의식적·자동적으로 이루어지는 내 마음의 반응이라고 이해하면 쉽습니다. 특히 심리적 기능이 취약해지면 투사를 통제하는 게 어려워집니다. 그래서 아이에게 부정적인 영향을 줄이고 싶다면, 부모 자신의 심리적 취약성부터 극복하는 게 우선시되어야 합니다.

잠깐 지난 기억들을 살펴볼까요. 배우자와 대화하기 위해서 혹은 자녀와 소통하기 위해서 말하기보다는 내 안의 불편함을 쏟아내기 위해서 말하는 경우가 더러 있습니다. 그야말로 내 안의 감정 쓰레기들을 만만한 대상에게 쏟아내는 거지요. 상대의 마음이 어떤지를 듣고 이해하기보다는 살면서 내 마음 안에 누적시켜왔던, 자기 자신과 세상에 대한 느낌을 자녀들에게 무턱대고 내뱉을 수 있습니다. 혹은 다른 것 때문에 걱정하거나 불안함을 느끼는데, 괜스레 애꿎은 아이에게 던져지기도 합니다.

이렇게 투사는 일상생활에서 사소하다고 여겨 쉽게 지나친 많은 부분에서 대수롭지 않게 일어납니다. 그러니 전혀 투사를 하지 않고 사는 것은 불가능하지요. 다만 스스로가 투사하고 있음을 인지해야만 합니다. 그래야 내가 통제하고 조심할 수 있기 때문입니다. 모르면 매번 반복할 수밖에 없으니까요.

아이와의 관계에서 사소하다고 느꼈던 불편한 상황들을 들여다보는 시간을 통해서 내 생각을 명료화하고, 내가 불편해하는 것과 바라는 것을 점점 선명하게 찾아갈 수 있습니다.

사소해 보이지만 사소한 건 없습니다. 결국 사소한 것들이 하나둘 모여 전체를 이루게 되니까요. 이런 과정을 통해 나를 이해하게 되는 만큼 내 감정에 휩쓸리지 않고 성숙한 반응을 할 수 있게 됩니다. 아이를 이해하는 만큼 아이와도 원만하게 지낼 수 있습니다.

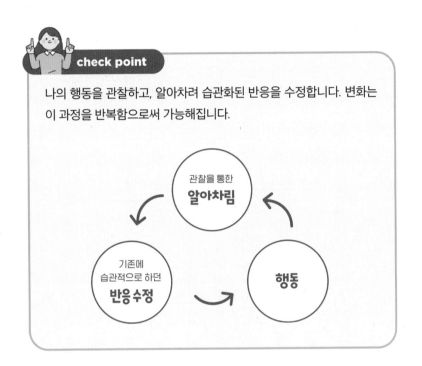

check point

나의 행동을 관찰하고, 알아차려 습관화된 반응을 수정합니다. 변화는 이 과정을 반복함으로써 가능해집니다.

나의 나쁜 육아습관
알아차리기

몇 년 전부터 '라떼는 말야'라는 말이 유행하고 있습니다. 기성 세대의 언어 '나 때는 말이야'를 코믹하게 풍자한 말로 겪고 있는 상황과 사람은 물론이거니와 사회 분위기와 시대상도 다른데, 그 때 그 시절 자신의 상황과 지금을 비교하며 이야기하는 것을 가리 킵니다. 우리는 이렇게 자신의 경험을 일반화한 후 그것을 판단 기 준으로 삼아 이야기하는 사람을 흔히 '꼰대'라고 부릅니다.

육아 세계에도 꼰대가 있습니다. 그리고 생각보다 흔하게 우리 자신의 '라떼'를 내세우고 있지요. 아쉽게도 우리는 자신의 성장 과정에서 경험한 것들을 기준으로 지금을 바라보며 해석하고 판 단하기 때문입니다.

처음 아이를 낳으면 종종 시부모님이나 친정 부모님과 갈등을 겪습니다. 더운 여름에 아이를 낳으면 선풍기며 에어컨을 틀 수밖에 없습니다. 그런데 어른들은 무조건 따뜻하게 키워야 한다며, 갓난아이를 재우는 방에 에어컨을 금하는 것은 물론 약간만 서늘해도 난방을 해야 한다고 주장합니다. 모유수유는 또 어떻고요. 시대와 상황에 따라 모유수유 여부는 달라집니다. 하지만 어른들은 자신의 방식을 딸이나 며느리에게 강요하면서 갈등을 유발하지요.

세대 간 육아 방식 차이로 인한 '라떼는 말야' 상황이 바로 떠오릅니다. 그런데 이런 행동을 내가 아이에게 하고 있기도 합니다.

상담 받았던 분 중 한 아빠는 어렸을 때 자신의 어머니로부터 무수히 맞으며 컸다고 합니다. 불을 지피는 부지깽이로 두들겨 맞기도 했다지요. 하지만 이 분은 이에 대해 "어렸을 때 그렇게 맞았기 때문에 지금 내가 정신 차리고 잘 살고 있는 거야"라고 의미부여를 했습니다.

이분은 결혼하고 아들 둘을 낳았습니다. 아이들이 문제되는 행동을 했을 때 어떻게 했을지 상상이 되나요? 예상했던 대로 이 아빠는 아이들을 때려서라도 버릇을 잘 들여야 한다는 신념이 있었고, 이 신념은 행동으로 연결되었습니다. 당연히 아내와 육아에서 큰 갈등이 생길 수밖에 없었지요. 보통 부부간의 양육 갈등은 가치관이 부딪쳐서 발생합니다. 이 아빠는 자신이 맞았을 때의 고통, 즉 억울함과 분노는 잊어버리고 자신을 때린 부모에 대한 합리화를 하고 있었습니다. 때론 이런 태도가 부모에게 이득을 주기도 합니다. 편하게 아이를 키울 수 있거든요. 아이의 입장에 서서 아이의 마음이 어떤지를 일일이 들여다보는 것은 시간과 노력이 많이 드는 헌신이 필요한 영역이지만, 부모라는 권위를 바탕으로 아이에게 자신의 신념을 받아들이고 따르라고 강요하는 건 매우 간단하니까요.

내 양육 방식의 기준 바로 알기

♥ ♥ ♥ ♥

어떤 현상에 대해 가지고 있는 판단 기준은 시간이 지나면서 많이 달라집니다. 예를 들어, 건조기는 불과 10년 전까지만 해도 필수품으로 인식되지 않았습니다. 드럼 세탁기에 있는 부가기능 중 하나일 뿐이었습니다. 하지만 지금은 미세먼지나 맞벌이 부부 증가로 세탁기와 비슷한 존재감의 필수가전으로 자리잡았습니다.

어린이 서점에 갔을 때를 떠올려보세요. 방문하기 전에는 단순히 아이가 성장하면서 자연관찰 전집 하나 정도는 있으면 좋을 것 같다는 생각으로 방문합니다. 그런데 이리저리 둘러보며 상담을 받다 보면 창작동화도 있어야 할 것 같고, 인물사전도 있으면 좋을 것 같다는 생각이 듭니다. '둘째도 있는데 이왕 사는 거 좀 더 갖춰 놓아도 아이들에게 이득이지 않을까?'하고 고민하기 시작합니다.

이렇게 우리가 가진 판단 기준은 시대의 변화에 따라서, 또는 누군가의 설득에 의해 금방금방 바뀌기도 합니다. 사람들은 별 어려움 없이 기준을 바꾸는 데 익숙합니다. 하지만 과거 내가 받은 양육 경험은 그렇지 않습니다.

자꾸만 30~40년 전, 그때의 부모님의 언행과 나의 태도를 끄집어 와서, 30년~40년 후에 부모가 된 나의 언행과 아이의 태도를 비교합니다.

'우리 아빠는 나를 때렸지만 나는 때리지는 않으니까 괜찮아', '우리 엄마는 그렇게 모진 말을 했지만 나는 지금 이 정도면 괜찮은 거 아니야?'하고 자신의 태도를 합리화하기도 하고요. 30~40년 전에는 때리거나 모진 말이 허용되는 분위기였지만, 지금은 그렇지 않다면 우리의 판단 기준을 다시 점검해야 합니다.

'나는 그때 찍소리 못하고 혼나기만 했는데 이 아이는 자기 하고 싶다는 거 다 표현하면서 도대체 뭐가 문제야?', '저 정도는 아무것도 아닌데, 저렇게 속상한 걸 못 견뎌서 나중에 커서 어떡하려고 그래'하고 자신의 과거 모습과 아이를 비교하며 떼쓰거나 속상함을 표현하는 아이를 이해할 수 없다고도 합니다. 그러다 '내가 이렇게까지 했는데 너는 왜 이렇게 나를 힘들게 하니?'라는 생각이 들면 아이가 밉고 혼내주고 싶은 마음이 듭니다. 하지만 요즘은 아이들이 자유롭게 자기표현 하는 것을 더 건강하고 자연스럽게 받아들이고 있지요. 이제는 우리 부모들도 오늘을 기준 삼아 나의 태도와 아이의 태도를 점검할 수 있어야 합니다.

또한 자신과 아이를 동일시한 나머지 자신이 어렸을 때 느꼈던 고통을 아이가 고스란히 느낄 거라 짐작하며 과도한 죄책감에 시달리는 부모들도 있습니다. 한 엄마는 아이 앞에서 힘들다는 말을 하는 게 너무 싫다고 했습니다. 부모로부터 '너는 왜 이렇게 나를 힘들게 하니'라는 말을 들을 때 느꼈던 불편한 감정, 죄책감을 아이가 똑같이 느낄까 봐 걱정되어 힘들다고 말하는 게 잘 안된다고요. 이 또한 과거의 부모와 자신을 기준으로 현재의 자신과 아이의 상황을 바라보고 있기 때문입니다. 지금은 전혀 다른 가족 구성원들 속에서, 전혀 다른 가족의 장을 이루며 살고 있다는 것을 구분하지 못하고 말이지요.

나의 생애 초기에 만들어진
마음 작동 방식 이해하기

♥ ♥ ♥ ♥

독립적이고 개인주의적 태도를 중요하게 여기는 서구에서는 아이의 독립심을 기대하는 방향으로 양육합니다. 그래서 어렸을 때부터 잠도 따로 자고 아이의 생각도 지지하는 편입니다. 아이가 'YES'라고 하면 'YES'라고 인정해주고, 'NO'라고 하면 'NO'라고 인정해줍니다. 반면 동양에서는 부모 자녀간의 유대관계를 중요시하는 문화가 있기에 어렸을 때부터 물리적으로 가까이 있고, 'YES'라고 해도 'NO'를 강요하거나 'NO'라고 하는데 'YES'를 강요하기도 합니다. 이렇듯 문화적 신념체계가 양육 행동에 미치는 영향은 큽니다. 부모들이 가진 신념이 곧 행동으로 연결되기 때문에 부모로서 내가 가진 신념들을 살펴보는 것이 중요합니다.

지금 나의 태도와 아이의 반응을 과거의 경험을 기준으로 비교하는 것은 얼마나 비합리적인가요. 건조기를 사러 가서 10년 전만 해도 없이도 잘 살았는데, 지금은 왜 사야 하냐고 배우자와 싸운다고 생각해 보세요. 지금은 10년 전이랑 분명 다른 상황이고, 사야 할 이유가 있는데 상대방이 몰라주면 얼마나 답답하겠어요. 이처럼 내가 갖고 있는 양육 태도도 달라진 상황과 필요에 따라 변해야 합니다.

많은 부모들이 아이를 낳고 기르며, 육아서를 읽고 부모교육 강의를 듣습니다. 요즘은 공부하고 배우려는 부모님들이 참 많습니다. 또한 책과 강의에서는 훨씬 더 민주적인 방식의 육아 방법을 한 목소리로 안내하고 있습니다. 하지만 그것을 실천하는 게 너무 힘듭니다. 왜 그럴까요?

우리 안에 있는 생애 초기에 생성된 마음의 작동 방식 때문입니다. 부모와의 상호작용 경험이 내 안에 패턴으로 만들어진 것인데, 이를 애착의 역사라 하겠습니다. 워낙 오랜 시간에 걸쳐 반복되며 몸에 익힌 것이기도 하고, 아이는 생존을 위해 부모라는 환경에 맞춰 적응할 수밖에 없기 때문에, 그 틀 안에서 생각하고 움직이다 보니 자연스레 생긴 것일 수도 있습니다. 그래서 한두 번의 '통찰'이나 '깨달음'으로 변화하기란 어렵습니다. 하지만 불가능한 것은 아닙니다. 의식적으로 노력하며 알아차리면 나의 나쁜 양육 습관을 대물림하지 않고 이전과는 다른 방식으로 양육할 수 있습니다. 모르면 반복하게 되지만, 알면 멈출 수 있습니다. '아이의 마음을 헤아리고 느껴보려는 태도'가 있으면 됩니다. 아이는 자기중심적이고 요구적이기 때문에 아이를 키우다 보면 부모는 마음의 부침을 겪을 수밖에 없습니다. 그러나 내가 느끼는 불편감 외에 아이가 느끼는 것들을 '상상'해 보려는 노력을 해야 합니다. 그래야 다른 관점에서 나의 태도를 점검해 볼 수 있습니다.

만약 내가 '우리 부모님이 그래서 나를 때렸구나~' 하고 어린 시절 맞았던 것을 정당화하고 있거나, '나는 안 그랬는데, 너는 왜 그러는 거야?'라는 생각으로 아이에게 답답함을 느끼고 있다면, 지금 아이의 마음이 어떤지는 전혀 고려하지 않은 채, 오랜 과거의 경험을 기준으로 현재 아이를 판단하고 있는 것은 아닌지 살펴봐야 합니다.

우리는 자신이 이해하고 느낀 것을 기준으로 다른 사람을 추측하거나 이해하고 판단하게 됩니다. 그래서 내가 갖고 있는 재료가 어떤 것들이 있는지를 먼저 살펴볼 필요가 있습니다. 나와 아이의 애착 전에 부모인 나 자신의 애착의 역사를 먼저 살펴야 하는 이유입니다.

check point

Q 아이가 자기 마음대로 안 된다고 화를 내면서 감정적으로 격앙되면 나를 괴롭히려고 일부러 그러는 것 같아요.

A 아이가 자신의 감정을 마음껏 자유롭게 표현하고 있다는 건 그만큼 부모인 내가 그렇게 할 수 있는 안전한 환경을 만들어 주었다는 뜻이기도 합니다. 내 부모 앞에서는 자기주장을 하거나 마음대로 소리치고 떼 쓰더라도 자신이 위험하지 않다는 믿음이 있기에 자신의 생각을 마음껏 표현할 수 있는 거지요. 그런 안전한 환경, 안전한 부모가 바로 '나'입니다.
아이는 자신의 마음을 표현하는 방법이 서툴러서 그런 것이지, 부모를 힘들게 하려는 의도가 없다는 사실을 기억하세요.

아이에 대한 공감을 방해하는
네 가지 요인 파악하기

애착이론을 창시한 존 볼비를 시작으로 많은 발달심리학자들은 그간의 연구를 통해 "아이와의 건강한 애착을 위해서는 양육자가 아이의 반응을 민감하게 알아차리고 적절하게 반응할 수 있어야" 한다고 입을 모았습니다.

많은 부모들은 이것을 알면서도 안 하는 것이 아니라, 모르기 때문에 하지 못하는 경우가 많습니다. 내가 어느 지점에서 무엇을 못하고 있는지 그 포인트를 정확히 모르기 때문이죠. '아이를 재촉하지 않으면서 충분히 기다려주면 결국은 스스로 잘하게 된다던데 나는 왜 이렇게 조급해지고 짜증이 나서 잔소리부터 하게 될까', '민감하게 알아차리고 적절하게 반응해야 한다는 건 알겠는데, 도

대체 왜 안 되는 거지?' 같은 의문만 듭니다. 나의 에너지와 시간을 들여 애를 쓰는데도 불구하고 현실은 갑갑하고 답답합니다.

책상에 오래 앉아 있다고 성적이 오르지 않습니다. 내가 어느 부분에서, 무엇이 안 되는지를 찬찬히 살펴볼 필요가 있습니다.

문제는 대부분 한데 엉켜 찾아옵니다. 어디서부터 손대야 할지 막막하지요. 이럴 때는 문제를 하나씩 잘라 세분화해서 살펴보세요. 쉽게 찾을 수 있습니다. 작은 단위로 잘라서 작은 성공을 맛보게 되면 자신감과 함께 양육효능감도 높아집니다.

부모가 가진 어려움이 갈등을 부른다

♥ ♥ ♥ ♥

부모가 아이와 겪는 반복되는 갈등의 이면에는 부모가 가진 특별한 어려움 때문인 경우가 많습니다. 아이를 비난하고 화내는 대신 공감하고 격려해 줘야 한다는 걸 알고 있지만 번번이 잘 안 돼 자책하고 있다면, 부모 자신이 가진 어려움이 무엇인지 살펴봐야 합니다.

부모들이 아이에게 공감하기 어려운 데는 대체로 네 가지 이유가 있는데요, 나는 어느 유형에 해당하는지 살펴보시기 바랍니다.

첫째, 부모 자신이 가진 감정관리 습관 때문입니다.

부모가 어떤 감정, 특히 부정적인 감정은 억제하고 통제해야 한다는 신념이 있다면, 자녀의 감정에 주의를 기울이려는 마음이 생기기 어렵습니다. 감정을 다른 사람 앞에서 표현하기보다는 이성적, 논리적, 합리적으로 생각하고 행동해야 한다는 신념을 갖고 있거나, 특정 감정을 드러내는 것을 나약하거나 약점을 드러내는 것으로 여기기 때문이지요.

그렇게 된 이유는 어린 시절 경험을 통해 감정을 표현하는 것이 부질없다고 학습해 왔기 때문일 수 있습니다. 내 마음을 표현했을 때 부모님이 그것을 알아주기보다는 면박을 주거나 비난하고 야단쳤다면, 혹은 표현해도 알아봐 줄 형편이 못됐다면 내 마음을 표현하지 않는 것이 스스로를 안전하게 지키는 방법이었을 테니까요. 하지만 어렸을 때는 감정을 표현하는 것이 부질없었더라도, 나와 배우자, 아이가 있는 지금 우리 가족 안에서는 마음을 알아차리고 표현하고 나누는 것이 매우 중요합니다. 감정 표현은 내가 원하는 행복한 가족을 위한 필수 요건이라는 것을 꼭 기억해야 합니다.

그렇지 않다면 나 또한 아이에게 "울지 마. 뭐 그런 걸로 울고 그래!"라며 아이가 느끼는 감정을 너무 아무렇지 않게 취급하게 되고, 아이는 자신의 그런 감정이 잘못된 것이라는 생각을 자연스레 갖게 될 수 있습니다. 아이는 불편한 감정의 정체를 제대로 확인하지 못한 채, 부모의 비난이 더해진 피드백으로 다시 돌려받기 때문에 감정을 어떻게 다루어야 하는지 배우지 못하고, 감정에 대한 두려움만 커지게 됩니다.

감정에 압도되는 경우도 있습니다. 화나 불안 등의 감정을 실제보다 더 과장해서 느끼기 때문에 감정을 다루어야 하는 상황이 되면 통제하기 어려운 수준의 강한 불편한 감정을 느끼게 됩니다. 타인이면 안 보면 되는데, 내 아이에게는 그럴 수도 없지요. 이러면 아이가 겪고 있는 상황을 잘 헤아려 요구에 적절하게 반응하는 게 어렵습니다. 어떻게 해야 할지 몰라 머릿속이 하얘지기도 합니다. 때론 실제 개입해야 할 정도보다 과도하게 개입해 지나치게 간섭할 수도 있고요.

이렇게 부모가 부정적이고 고통스러운 감정을 다룬 경험이 부족하면, 부모는 아이들이 어떤 스트레스 상황에 직면했을 때 함께 고민해 주는 게 어렵습니다. 하지만 부모가 자신이 어떻게 감정을 표현하고 다루고 있는지를 알고 있으면, 아이에게 어떤 영향을 줄지를 짐작할 수 있기 때문에 좀 더 자신의 행동을 의식적으로 통제할 수 있습니다.

둘째, 통제 욕구가 높은 경우입니다.

보호와 통제는 한 끗 차이입니다. 아이를 잘 보호하고 싶다는 마음이 지나치면 아이의 행동 하나하나를 신경 쓰며 일일이 간섭

하는 태도로 이어질 수 있습니다.

어렸을 때 자신의 의존 욕구가 충분히 충족되지 않으면 통제하려는 마음을 많이 갖게 됩니다. 어렸을 때는 누군가에게 의존해야만 생존할 수 있었습니다. 우리가 가진 자원이 굉장히 한정되어 있기 때문이지요. 그런데 어린 내가 스스로 잘 챙겨야만 했던 환경이었다면 불안한 마음이 들 수밖에 없습니다. 야무지게 잘하는 것 같아 보여도 곁에서 봐주는 어른 없이 해내는 건 불안하거든요. 그러니 환경이 예측가능하고 통제되어야 아이에게는 더 편안하게 느껴질 수밖에요. 또 부모 자신이 스스로 잘 해냈던 경험을 기준 삼아 아이에게 기대할 때도 그렇습니다. 부모가 일일이 간섭할수록 아이의 의존성은 점점 더 커집니다. 혼자서 해볼 수 있는 기회가 없기 때문이죠. 이때 부모는 자신이 갖고 있는 기대가 현실적인지를 따져봐야 합니다.

셋째, 아이 마음을 헤아리는 데 필요한 정보가 부족한 경우입니다.

아이 마음 헤아리기를 할 때 너무 빈약하게 하거나 과하게 하는 부모들이 있지요. 두 가지는 서로 극과 극으로 달라 보이지만 공통점이 있습니다. 마음 헤아리기에 사용되는 정보가 극히 적다는 겁니다. 아이의 마음을 헤아릴 수 있는 재료가 적기 때문에 한쪽은 빈약하게, 한쪽은 과하게 헤아리게 됩니다.

'나는 맞고 상대가 틀렸다'라고 단정하는 마음이 있다면 당연히 다른 사람의 관점에 주의가 가지 않습니다. 아이가 어떤 마음인지 헤아리려는 시도 자체가 적기 때문에 아이 마음에 대한 정보가 부족하고, 마음 헤아리기가 어렵고 빈약해질 수밖에 없습니다.

반대로 상대가 왜 그런 말과 행동을 했는지를 혼자서 추측하는 것도 아이에게 공감하는 것을 방해합니다. 아이의 표정이 달라지거나 말투가 달라지는 것을 알아차리는 것은 섬세한 태도이지만, 그것에 대한 이유를 '나 때문'이라고 단정 지으며 상상의 나래를 펴지 마세요. 다른 사람의 마음은 그 사람이 직접 말을 하거나 행동으로 표현하기 전에는 알 수 없습니다. 아이의 행동이나 마음에 대해 내가 지금 하는 추측은 진실이 아니에요, 내가 가진 재료와 아이가 가진 재료를 같이 버무려서 그 상황을 바라볼 수 있어야 적절한 공감을 할 수 있습니다.

넷째, 부모인 나의 상처받은 마음이 건드려질 때 아이에게 공감하기 어려워집니다.

어렸을 때 상처받은 감정은 미해결 정서로 남게 됩니다. 이는 이후에도 여러 가지 문제를 일으킵니다. 상담했던 분 중에 작은 목소리 콤플렉스가 있는 엄마가 있었습니다. 이분은 이상하게 아이가 사람들 앞에서 작게 말하면 울화통이 터진다고 했습니다. 머리로는 충분히 그럴 수 있다고 생각하면서도, 막상 아이가 집에서는 큰소리치며 행동하면 "집에서는 안 그러면서, 밖에서는 말도 하나 똑바로 못한다"고 아이를 비난했습니다. 부모는 자신의 경험과 아이의 경험을 구분해서 볼 수 있어야 합니다.

지금까지 부모가 아이의 마음을 헤아리기 어려운 이유 네 가지를 살펴보았습니다. 제일 먼저 나의 감정관리 습관을 확인해 봐야 합니다. 화내거나 우는 것을 어떻게 생각하는지 점검해 보세요. 자신이 감정을 다루는 태도와 그 영향이 어떤지 알아야 두 번째, 세 번째, 네 번째도 잘 살펴볼 수 있습니다. 혹시 화내지 않는 엄마가 되고 싶다는 비현실적이 기대나 화를 내지 않는 좋은 사람이 되고 싶다는 이상적인 목표를 가지고 있나요? 그렇다면 당장 그 목표부터 바꿔야 합니다. 또는 화는 미성숙한 사람들이 하는 감정적인 표현이라고 생각하고 있을 수도 있습니다. 많은 부모들이 아이의 부정적인 정서에 영향받지 않고 덤덤하게 반응하는 것이 성숙한 어른의 모습이라고 여깁니다. 현실은 그렇지 않은데 말이죠. 우리의 일상은 화나고, 놀랍고, 두렵고, 불안하다가도 웃고, 즐기고, 또다시 슬프기도 하는 일들의 반복입니다.

그리고 내가 평소에 감정을 잘 알아차리거나 감정적 호소에 잘 반응하는 사람인지 확인해 보세요. 감정을 느끼는 역치가 높은 사람인지 아니면 평소 세세한 감정적 변화를 잘 못 느끼는 무딘 사람인지를요. 사람은 보통 자신을 기준으로 다른 사람을 이해하고 판단합니다. 그래서 내가 느끼는 감정을 잘 알아차리지 못한다면,

다른 사람의 감정 변화도 알아차리는 게 힘들 수밖에 없습니다.

지금까지 살펴본 네 가지 중 내가 어느 부분에 취약한지를 알고 있으면 아이를 대할 때 도움이 됩니다. 원인을 찾으면 아이를 탓하던 방식의 반응을 멈추고 다른 선택을 할 수 있습니다.

check point

변화의 출발점은 지금의 나를 아는 것입니다. 그런데 나를 안다는 게 말처럼 쉬운 일이 아니지요. 얼마나 어려운 일인지 몸소 깨달았던 경험이 있습니다.

결혼 후 남편에게 '어렸을 때 아버지가 나에게 당신의 말이 맞다며 강요하던 일이 참 괴롭고 힘들었다'는 이야기를 한 적이 있습니다. 제 말을 듣자마자 남편이 눈에 띄게 반가워하며 "나도 지금 그것 때문에 힘들어!!"라고 하더라고요. 저 또한 남편에게 제 말이 맞다고 강요하고 있더군요. 정말 충격적이었습니다. 저는 알지도, 보지도 못하는 저의 어떤 부분을 제3자인 남편은 알고 있었던 겁니다.

이렇게 내가 어떤지를 속속들이 잘 안다는 건 참 어려운 일입니다. 그럴 때는 가까운 관계에 있는 사람들이 나에게 어떤 피드백을 줬는지를 관찰해 보세요. 가족에게서 "화났어?" 같은 피드백을 들었다면 "나 화 안 났는데"라는 대답으로 끝내지 말고 곰곰이 생각해 보세요. 내가 잘 아는 나도 있지만, 타인의 시선에서 보이는 나도 있습니다. 이것 모두가 나인 셈입니다. 특히 가장 가까운 가족의 의견은 내가 알고 있는 부분과 어떤 차이가 있는지를 살펴볼 가치가 분명히 있습니다.

마음 알아차리기 일지 쓰기로
변화 포인트 찾기

✛   매일 친구 연락을 받고 밖으로 놀러 나가는 아들이었는데, 요 며칠
친구에게서 아무런 연락도 오지 않자 하진이 엄마는 걱정이 되었습니다.
'하진이가 싫어진 게 아닐까?' 왜 연락이 없는지 이유도 모르면서 이런
생각이 문득 들었고, 이 생각이 불안으로 이어졌습니다.
"하진아, 요 며칠은 혜성이한테서 연락이 없네. 궁금하거나 심심하지 않
아?" 집에서 로봇을 가지고 잘 놀고 있는 아이에게 불쑥 질문을 던졌습
니다.

사실관계를 알지 못하면서 단서 없이 결론을 추정하는 경우가
있습니다. 이는 아이의 상황에 대한 자연스러운 귀결이 아니라 자

신의 감정에 기초한 판단입니다. 하진이 엄마는 '누군가가 나를 싫어할까 봐', '나를 싫어해서 그런가 봐'라고 추측하며 불안해하던 습관을 아이에게 연결한 것입니다.

근거 없이 판단하는 행동은 멈추고 아이를 계속 관찰하면서 아이의 상태를 살펴봐야 합니다.

우리가 아이나 배우자와 대화하는 장면을 떠올려볼까요? 우리가 주고받는 말들을 가만히 살펴보면, 곰곰이 생각해서 반응하기보다는 자동적으로 반응합니다. 우리의 생각 패턴이나 행동 양식이 이미 습관화되었기 때문입니다. 습관화되었다는 것은 생각하지 않고 하던 대로 하게 된다는 뜻이기도 합니다. 그래서 어떤 상황을 끄집어내서 찬찬히 살펴보지 않으면 늘 하던 대로 반복하게 되는 것이죠. 다르게 행동하고 싶다면, 다르게 행동하고 싶었던 경험을 들여다보며 의식화하는 작업이 필요합니다. 내가 하고 있던 자동 반응을 의식하면서 알아차리고, 그 반응을 멈추고 다른 행동으로 바꿔주는 것. 이게 결국 우리가 원하는 겁니다.

우리의 경험이 전과는 다른 새로운 의미부여가 되어야 다르게 행동할 수 있게 됩니다. 친구를 만나서 자식이나 남편에 대한 아쉬움을 실컷 토로하고 나면 그때는 속이 좀 시원해지는 것 같고 남들도 다 그렇게 사는 것 같아서 위로가 되는 것도 같습니다. 하지만 집에 오면 공허해지죠. 문제는 해결되지 않고 늘 반복되니까요. 시원하게 비워냈다면 거기에서 그치는 것이 아니라, 내가 경험한 것에 대해 '의미'를 찾아보려는 노력을 해보세요.

상대의 입장을 더 잘 이해할수록 상대의 감정을 더 잘 견디고 감당할 수 있습니다. 마찬가지로 나를 더 잘 이해하면 내 감정도 더 잘 견뎌내고 감당할 수 있겠지요. 내가 왜 그런 행동을 반복하고 있는지, 그 맥락을 이해하고 알아차리면 더 이상 예전 반응을 반복하지 않을 수 있습니다. 내가 하던 반응이 변하니 상대의 태도도 자연히 달라지고요.

악순환의 고리를 끊어내는 연습으로 '마음 알아차리기 일지 쓰기' 활동을 권합니다. 혼자서도 마음을 헤아리는 능력을 키울 수 있는 최고의 방법이자, 아이의 감정반응 습관을 바꿔주기 위해서도 꼭 필요한 연습입니다. 화가 강하게, 자주 난다면 분노를 일으키는 그 공격성의 색깔을 옅게 만들어야 합니다. 내 안에 있는 공격성을 유발하는 재료는 그대로 둔 채, 화만 참으려고 애쓰거나 겉으로 표현되는 말만 다르게 하려고 하니 변화가 어려웠던 겁니다. 이제 내 안의 색채를 변화시켜 볼까요?

과거의 경험만으로
현재와 미래에 대응할 수 없다

♥ ♥ ♥ ♥

우리는 과거의 경험을 바탕으로 현재와 미래를 예측할 수 있는 지도를 그립니다. 하지만 과거의 경험은 과거일 뿐 현재와 미래에 정확하게 들어맞진 않습니다. 목적지를 잘 찾아가기 위해 사용하는 내비게이션을 생각해 보세요. 실시간 정보를 취합하여 교통량이 증가하는 시간대나 사고와 같은 특수상황까지 반영하기 때문에 추천 경로가 수시로 달라집니다. 밤늦은 시간에는 20분만에 갈 수 있었던 곳이 다음날 출근 시간대에는 한 시간 가까이 걸리기도 합니다. 어제 검색할 때는 A경로가 추천되었는데 오늘은 B경로로 안내합니다. 그래서 잘 아는 길도 내비게이션으로 경로를 확인하고 목적지로 출발하곤 하지요.

아이와의 관계에서 부모에게 필요한 것도 자신이 그려 놓은 마음속 지도에 대한 현실검증입니다. 의사소통이 어렵고 갈등이 생기는 이유는 현실에서 일어나는 실제 정보를 반영해서 소통하는 것이 아니라, 각자가 그려 놓은 마음속 지도가 반영된 주관적인 현실을 기준으로 소통하려 하기 때문입니다. 관계에서 불편함을 느낄 때는 내 마음속 지도에만 의지하지 말고, '마음 알아차리기 일지'를 쓰면서 내가 경험했던 그 상황의 진실을 재조명해 봐

야 합니다. 습관적으로 단정 지었던 나의 마음 반응을 확인해 보는 거지요

'아이가 정말 내 말을 무시하는 걸까?', '날 힘들게 하려고 일부러 그러는 게 맞나?', '왜 그렇게까지 거짓말을 했을까?', '정말 못 들은 척했던 걸까?'라고 생각하거나 느끼는 대로 믿는 대신 의문을 가져봅니다. 과거에 그랬던 적이 있었더라도 지금은 아닐 수도 있으니까요. (대부분 아닙니다)

대안은 내 마음 알아차리기 일지 쓰기

그래서 저는 내 마음의 작동 과정을 이해하기 위해서 '내 마음 알아차리기 일지 쓰기'를 제안합니다. 학창 시절 한 번쯤은 오답노트를 써보셨을 거예요. 모의고사에서 틀렸던 문제를 오답노트에 옮겨 쓰고 풀이 과정을 자세하게 적습니다. 이 과정은 단순히 답을 암기하기 위한 목적이 아니라 그 문제의 풀이 과정을 이해함으로써, 다음 시험에서는 비슷한 유형의 문제가 나왔을 때 정답을 맞추기 위한 겁니다.

틀린 문제를 오답노트에 옮겨 적듯이, 후회되거나 마음에 남는 상황이 있다면 그 상황에 대해 자세히 들여다보는 겁니다. 그 당시 내가 가졌던 느낌과 생각, 그 이면의 욕구에 대해 적어봅니다. 이 과정이 반드시 필요합니다. 그 상황에서 내 마음이 어떤 식으로 작동하는지, 그 맥락에 대한 이해가 있어야 다음번 비슷한 상

황에서 내가 반사적으로 어떻게 반응하는지를 더 잘 알아차릴 수 있습니다. 내 마음을 적는 과정은 내가 겪은 경험을 거리를 두고 바라보게 해주기 때문에, 나의 경험을 객관화해서 균형 있게 살펴보는 데 도움이 됩니다.

많은 분들이 책을 읽고 강의를 들어도, 막상 현실 육아에서는 책에서 보거나 강의에서 들었던 말이 하나도 떠오르지 않는다며 답답해합니다. 화가 머리끝까지 난 순간에는 그 말들을 떠올리기 힘든 것도 사실이지만, 내가 화가 났던 상황에 대한 이해가 없다면 다음번에도 비슷한 상황이 반복될 거예요. 반복된 탐색으로 내가 불안을 느낄 때 근거 없이 '나를 싫어해서 그런가' 혹은 '아이가 다른 사람에게 수용받지 못하고 있나?' 하는 생각을 하는 것을 발견한다면 그 습관을 멈출 수 있습니다. 습관적인 대응을 아예 안 하는 것은 어렵지만 다음번에는 '혹시 내가 싫…'까지에서 그 생각을 멈추고 빠져나올 수 있습니다.

내 마음 알아차리기 일지 작성법

내가 느끼고 생각한 것을 진실이라고 그대로 믿는 것이 아니라, 내가 한 주관적 경험을 '평가'해 보는 훈련이 필요합니다. '내 마음 알아차리기 일지 쓰기'는 이 훈련에 도움이 됩니다. 이 과정을 통해 다양한 관점을 확보할 수 있습니다. 일지는 다음 순서대로 써보세요.

1. 자극이 되었던 상황을 구체적으로 기록한다.

2. 그때 내 마음(생각, 감정)은 어땠는지 구체적으로 작성한다.

3. 그렇게 생각할 만한 근거가 있었는지, 어떻게 해서 그런 생각을 하게 되었는지 그 배경이 되는 이유를 확인한다.

4. 내가 가졌던 생각과 감정이 적절했는지 평가해 본다.

5. 내 아이가 그렇게 생각했다면 어땠을지 탐색해 본다.

6. 새로 알게 된 사실과 내가 얻은 교훈은 무엇인가? (A가 아니라 B였던 사실 적어보기)

7. 다시 그 상황으로 돌아간다면 어떤 생각이나 행동(말)을 할 것인가? 적절하다 생각되는 생각, 행동, 말을 찾아서 적고, 소리 내어 읽으며 연습한다.

내 마음 알아차리기 일지

1. 자극이 되었던 상황

예)   아이가 아이스크림이 먹고 싶다고 해서 슈퍼마켓에 갔는데, 아이가 고른 아이스크림이 콘도 아니고 하드도 아니고, 불량식품 같이 얼음알갱이가 컵 모양의 통에 담긴 제품이었다. 아이가 꼭 먹고 싶은 게 있다고 해서 갔는데, 아이가 선택한 게 내 마음에 들지 않아서 다른 걸 고르라고 했더니 그게 먹고 싶다면서 칭얼거렸다.

---

2. 그때 내 마음(생각, 감정)

예)   왜 하필 이런 걸 골랐지? 불량식품이잖아. 이건 몸에 안 좋아. 이런 걸 길거리에 들고 다니면서 먹겠다고? 사람들이 뭐라고 하겠어? 불량식품이나 사 먹이는 엄마로 보면 어떡하지.

---

3. 그렇게 생각한 이유

예)   그냥. 생긴 것이 그렇게 생겼다. 꼭 불량식품 같이…

_____

_____

_____

4. 내가 가졌던 생각과 감정은 적절했을까?

예)   콘이든 하드이든, 슈퍼마켓에서 팔든, 배스킨라빈스에서 팔든, 몸에 좋지 않
은 것은 똑같은데, 괜히 내가 보기에 탐탁치않게 여겨져서 아이한테 다른 걸 고르
라고 강요했다. 사실, 그게 다른 것에 비해서 어느 정도로 불량식품인지 알지도 못
하고 알 길도 없다. 아이가 매일 먹겠다는 것도 아니고, 한 번쯤 먹어보고 싶다고
한 건데, 아무런 근거도 없이 내 눈에 안 좋게 보인다고 못 고르게 했던 것 같다.

_____

_____

_____

5. 내 아이가 그렇게 생각했다면 어땠을까?

예)   새로운 시도를 해보는 건 좋은 거야. 겉으로 보이는 게 다가 아니야.

_____

_____

_____

6. 새로 알게 된 사실과 내가 얻은 교훈은 무엇인가? (A가 아니라 B였
   던 사실 적어보기)

예)　아무런 근거 없이 무턱대고 보이는 것으로 판단하고 있다는 것을 알았고,
일지를 적으면서 사실은 처음부터 아이스크림을 사주고 싶지 않았다는 마음도
발견했다. 사주고 싶지 않았는데, 아이한테 사주겠다고 했다가 내 눈에 거슬리는
것을 고르니 괜히 트집을 잡게 된 것 같다.

_____

_____

_____

_____

7. 다시 그 상황으로 돌아간다면 어떤 생각이나 행동(말)을 할 것인
   가? 적절하다 생각되는 생각, 행동, 말을 찾아서 적고, 소리 내어 읽
   으며 연습한다.

예)　무슨 맛인지 어떤 게 들어있는지 모르지만 도전해 보는 건 좋은 행동인 것
같다. 사실 아이가 먹을 때 어떤 건지 궁금해, 하나 얻어먹어 봤는데 맛있었다.
맛있다며 아이와 웃고 이야기할 수 있었기에 좋았다. 무턱대고 막는 게 아니라
경험해 볼 수 있게 도와주는 게 옳은 것 같다.
"처음 보는 건데, 어떤 맛일까? 궁금하다~"

_____

_____

_____

_____

훈련이 필요한 이유 :
마음만으로는 변화가 어렵다

♥ ♥ ♥ ♥

내가 느끼고 생각한 것을 이해하는 과정에서 변화가 시작됩니다. 왜 그렇게 행동했는지 자신의 내면에서 일어나는 과정을 이해하지 못한 채 겉으로 드러난 말과 행동만 바꿔야 한다고 스스로에게 강요하거나 '이렇게 해야 합니다'라고 요구받는다면 오히려 변하기 힘듭니다. 달라지겠다는 결심만으로는 태도를 바꾸기 쉽지 않습니다.

내 마음 알아차리기 일지를 쓰면 알아차리는 능력도 키울 수 있습니다. 내가 힘든데 아이에게 좋은 영향을 주기 위해 꾹 참고 '웃는 모습 보여야지, 좋은 모습 보여야지', '긍정적으로 생각해야지'라고 다짐한다고 해서 잘 되는 게 아니거든요. 힘들 때는 힘든 걸 알아차리고, 내가 어느 정도 감당할 수 있는지를 알고 적절하게 대응할 수 있어야 합니다. 내가 힘든 지점을 알고, 힘들 때 멈출 줄 아는 것도 능력입니다.

"힘들어 죽겠는데 왜 이렇게 엄마 귀찮게 해! 혼자서 좀 놀아", "너희는 자기 물건도 하나 못 챙기니? 다른 애들 좀 봐. 이제 다 알아서 한다고!"라고 말하는 대신에 "엄마가 오늘 회사에서 너무 힘든 일이 있어서 에너지가 많이 부족해. 10분만 혼자 누워있고 싶어. 그러면 에너지를 충전해서 너랑 더 잘 지낼 수 있을 것 같거든"이라고 말할 수 있게 됩니다. 에너지가 좀 있는 상태라고 자각이 됐다면 아이의 욕구에 맞출 수 있습니다.

이렇게 내 반응을 내가 선택할 수 있으려면, 내 안에서 올라오는 감정 자극이나 외부에서 들어오는 다양한 자극을 받았을 때 그 것을 먼저 알아차릴 수 있어야 합니다.

하지만 지금처럼 습관화된 행동이나 말이 더 빠르게 나가는 이유는 내 감정을 알아차리고, 성찰하는 과정을 모두 건너뛰기 때문입니다. 마음 알아차리기 일지를 꾸준히 쓰면 이 과정을 연습할 수 있습니다. 자신의 경험에 대해 성찰하는 시간을 갖는다면 어떤 상황에서 무엇 때문에, 혹은 왜 화가 났는지를 알 수 있습니다.

상대를 탓하는 대신 내 마음의 작동 방식을 살펴보세요. 어느 부분에서 막히는지 단서를 찾아야, 무엇을 다르게 해야 할지를 발견할 수 있습니다. 또한 이렇게 익힌 마음의 기능은 고스란히 아이에게 대물림됩니다.

A인 줄 알았더니 B였던 사실 발견하기

♥ ♥ ♥ ♥

마음 알아차리기 일지를 쓰며 '내가 생각했던 A가 아니라 새로운 의미 B'라는 것을 찾고 발견해 보세요. 과거의 정보에 머물러 있는 내비게이션도 업데이트가 필요하듯, 어린 시절의 관점으로 바라보는 시각을 현재 어른의 시각으로 업데이트하는 겁니다. 자신이 발견한 'A가 아니라 B'를 의도적으로, 의식적으로 날마다 떠올리세요. 생각은 행동으로 연결됩니다. 예를 들어 '내가 꼭 소리를 지르고 화를 내야 말을 듣지'라는 생각을 갖고 있다면, 점점 더 화를 내는 일이 많아질 수밖에 없습니다. 반면에 '아이의 말을 들어준 뒤에 내 말을 하니, 아이가 더 잘 받아들이네'라는 것을 깨닫고 나면 아이의 말을 들어주는 게 훨씬 수월해집니다. 내가 경험하는 것에 대해 어떻게 의미부여를 하는지가 나의 행동을 결정하게 됩니다.

실수를 예로 들어볼게요. 실수를 안하려 노력하는 것보다 실수했을 때의 대처 능력을 익히는 게 더 중요합니다. 같은 문제를 틀리지 않으려면 나와 아이 사이의 상호작용을 관찰할 수 있어야 합니다. 수학 문제의 답을 외우기만 하면, 숫자가 바뀌었을 때 다시 틀리고 맙니다. 풀이 과정을 이해해야 숫자가 바뀌고 문제가 변형되어도 풀어낼 수가 있듯이 책이나 강의에 나오는 사례에서 벗어나 우리 집에서 일어나는 다양한 에피소드에 더 잘 적용하려면 나와 아이, 우리 가족의 상호작용을 반드시 관찰해야 합니다.

오답노트에 한 번 정리했다고 같은 유형의 문제를 다음번에 무조건 맞춘다는 보장은 없습니다. 하지만 반복해서 풀이 과정을 익히다 보면 내 것이 되고, 그 문제가 응용되어도 풀어내는 힘이 생깁니다. 우리는 이 힘을 키워야 합니다. 마음 알아차리기 일지를 꾸준히 쓰신 분들은 똑같은 지점에서 계속 걸리고, 반복되는 패턴을 발견했다 합니다. 어디서 나와 아이의 갈등이 일어나고 있는지 반복되는지를 발견할 수 있었던 거죠. 이렇게 꾸준히 관찰하다 보면 보이지 않던 것을 볼 수 있게 됩니다. 그러면 무엇을 다르게 해야 할지 방향을 찾을 수 있게 됩니다.

check point

매일 등산을 하다 보면 자주 사용하는 근육이 발달합니다. 신경회로는 우리가 쓰는 만큼 길이 닦입니다. 화나 불안의 신경회로를 계속 가동시키면 화나 불안이 점점 커지고 느끼는 영역도 넓어집니다. 따라서 화나 불안의 신경회로로 가지 않도록 'STOP' 하는 연습이 필요합니다. 마음 알아차리기 일지를 통해, 'A가 아니라 B'에서 발견한 B를 반복해서 의식하고 연습함으로써 새로운 반응을 하는 회로를 닦아두는 거죠. 의식적으로, 의도적으로 훈련하다 보면 화나 불안을 느끼는 신경회로의 길은 점차 무뎌지고 새로운 길이 닦이게 됩니다.
속도는 더디더라도 꾸준히 하다 보면 점점 내가 원하는 방식과 태도로 말하고 반응할 수 있게 됩니다.

아이의 기질을 알면
어떻게 반응할지 알 수 있다

+ "까다로운 기질의 첫째랑은 너무 힘들고, 좀 순한 둘째랑은 관계가 좋아요. 둘째가 훨씬 사랑스러워요."

혜진 씨는 둘째는 자신과 비슷한 성향이라 큰 갈등이 없다고 했습니다. 오히려 엄마가 속상해하는 것 같으면 옆에 와서 위로도 해주는 다정한 딸이거든요. 근데 첫째 딸은 혼이 나도 눈치가 없는지 저가 더 씩씩거리고, 특히 밖에서는 한마디도 못하면서 집에 와서는 제멋대로 구는 모습이 너무 힘들다고 했습니다.

부부 관계에서는 결혼 전 자신이 갖지 못한 면을 배우자에게서 보고 반하게 되었다는 말을 종종 합니다. 즉, 반대라서 끌렸다는 거죠. 하지만 연애할 때는 '반대라서 끌렸던' 그 장점이 결혼 후에는 치명적인 단점이 되기도 하듯이, 나와 반대인 아이의 기질은 이해하기 어려울 수 있습니다. 예를 들어 성격 급한 부모에게 느린 기질의 아이는 환영받지 못합니다. 부모는 출근 준비도 해야 하고 아이에게 밥도 챙겨줘야 하는 등 아침에 해야 할 일이 너무 많지요. 그러니 꾸물거리는 아이의 행동이 게으르고 답답하게 보일 수밖에요. 결국 아침부터 야단치고 비난을 하게 됩니다. 혼나고 비난받은 아이는 주눅이 들고, 그런 모습을 본 부모는 죄의식이 생기고, 이것이 반복됩니다.

부모 자신의 기준이 아이의 성향과 다르다는 것을 이해해야만 아이가 하는 행동을 다른 방식으로 접근할 수가 있습니다. 그렇지 않으면 아이를 재촉하며 다그치거나 아이가 왜 그런지 이해하지 못한 채 '내가 화를 참아야지. 견뎌야지. 화내선 안 되지'라고 다짐만 합니다. 아이를 대하는 태도만 바꾸려 하면 일시적으로는 참고 견디려 노력하지만, 도저히 참을 수 없는 순간을 마주하면 결심한 행동을 유지하기 힘들어집니다. 한꺼번에 폭발해 버리지요.

아이 기질과 부모 기질의 상관 관계

♥ ♥ ♥ ♥

저와 만난 부모님들은 크게 두 그룹으로 나뉩니다. 한 그룹은 아이에게서 받는 스트레스보다는 자신의 문제를 해결하고 싶어 오신 분들이고, 다른 한 그룹은 까다로운 기질을 가진 아이와의 갈등을 해결하기 위해 찾아오신 분들입니다.

자신의 문제를 해결하기 위해 오신 분들은 아이의 기질이 대체로 순한 편이었다는 공통점이 있었습니다. 반면 아이와의 갈등으로 괴로움을 호소하는 부모의 아이들은 다루기 힘든 기질적 특성을 가지고 있었습니다.

어쩌면 당연한 결과입니다. 아이들의 기질 검사는 양육자 보고식으로 부모님이 작성하는 걸로 진행되거든요. 그래서 부모가 아이에 대해 만족하는지, 만족하지 못하고 갈등을 겪고 있는지 정도를 가늠할 수 있습니다. 첫째는 괜찮은데 둘째가 힘들다 혹은 둘째는 마냥 좋은데 첫째가 너무 힘들다고 하소연하기도 합니다.

'애가 대체 왜 그러는지 모르겠다', '도무지 이해가 안 된다', '아이가 매사 짜증을 내는 게 너무 버겁다'라는 말에는 아이에 대한 염려와 걱정이 가득했습니다.

부모님들이 자신과 아이의 기질을 검사를 하고 상담을 한 뒤에는 이렇게 말씀하십니다.

"기질을 아는 것만으로도 아이를 바라보는 게 훨씬 편안해졌어요!"

"아이가 왜 그런지 알게 됐어요. 아이가 지금 불안해서 그러는 거구나. 아이의 감정을 좀 더 잘 알아차리게 됐어요."

아이들은 저마다의 개성과 성향을 가지고 있습니다. 개성은 다른 사람과 차별화되는 개개인의 특성이지요. 성향은 기질이라고도 표현되는데요, 우리가 태어날 때부터 갖고 태어나는 특성을 말합니다. 혈액형 같은 거지요. 부모의 유전자 속에 있는 어떤 특성을 부모로부터 물려받는 것이지만, 절대 부모가 관여할 수 없고 랜덤하게 주어지는 혈액형이요. 나의 혈액형이 A형인데 이것을 O형으로 바꿀 수 없듯이 타고난 기질을 바꾸기는 매우 어렵습니다. 내향적인 사람이 나이가 들며 사회 경험을 통해 점점 외향적인 태도를 연습하고 기를 수는 있지만, 그 사람은 내향적인 자신의 모습일 때 가장 자연스럽고 편안함을 느낍니다. 점차 성숙해지면서 자신이 갖고 태어난 기질과 정반대의 모습으로도 조절하며 사는 것이 가능해지지만, 내가 타고난 기질과 반대되는 상황에서 느끼는 불편감을 무시하지는 못합니다. 그리고 아이가 가지고 있는 기질은 부모도 갖고 있는 것 중에 하나일 경우가 큽니다. 아이의 기질이 나와 달라서 이해되지 않아 갈등이 있기도 하지만 나와 같아서 그것을 고쳐주기 위해서 애쓰다 갈등이 생기기도 합니다.

변하기 어려운 기질은 인정하고 수용하기

♥ ♥ ♥ ♥

많은 부모교육에서 부모가 아이에게 끼치는 부정적인 영향에 대해 언급하며 겁을 줍니다. '아이에게 화를 내면 눈치 보는 아이가 될 것이다', '불안한 부모가 아이를 불안하게 만든다'처럼요. 완전히 틀린 말은 아닙니다. 아동발달센터와 같은 임상 현장에서 소위 '문제 있는 행동을 하는 아동'을 만난 선생님들은 입을 모아 '문제 행동을 하는 아이 뒤에는 문제 있는 부모가 있다'고 말하기도 합니다. 하지만 부모 탓만 하기에는 부모도 억울한 면이 많습니다. 어릴수록 환경의 영향을 많이 받을 수밖에 없기에 부모가 아이에게 미치는 영향이 큰 것은 분명하지만 아이의 기질이 부모에게 미치는 영향력도 상당하기 때문입니다.

어떤 아이는 주는 것도 없는데 예뻐 보입니다. 반면 어떤 아이는 자꾸 미운 마음이 들기도 합니다. 기질은 좋고 나쁨이 없다지만 키울 때 어렵게 느껴지는 아이들의 기질이 분명히 있습니다. 관계는 상호작용 속에서 서로 영향을 주고받기 때문에 순하고 기질이 무난한 아이를 키우는 부모는 좀 더 수월하게 아이를 키울 수 있습니다. 사랑스러운 표현들을 곧잘 하는 아이들은 어떻고요. 부모는 그 아이를 통해서 에너지를 충전합니다. 밥 안 먹어도 배부르다는 말을 이해하게 되지요.

하지만 까다롭고 예민하거나 에너지가 과하거나 또는 충동성이 높아서 부모를 힘들게 하는 기질을 가진 아이도 많습니다. 부모에게 숨 돌릴 틈도 주지 않을 만큼 가혹하게 요구하는 것이 많은 아이도 있습니다. 이런 아이에게는 부모가 조금 더 기다려주고 인내심을 발휘해야 합니다. 그런데 부모의 노력에 비해 나아지는 기미는 보이지 않습니다. 그러니 부모는 부모 대로 버겁고 억울합니다. '혹시 내가 아이를 잘못 키워서 그런 게 아닐까?', '내 사랑이 부족해서 그런 게 아닐까?'라며 자책도 하고, 아이를 제대로 훈육하지 못하고 통제하지 못하는 부모로 여겨질까 봐 타인의 시선을 의식하기도 합니다.

아이를 키우다 보면 나의 수치심이 자극되는 경우를 종종 경험하게 됩니다. 내가 부족하고 나쁜 부모로 보일까 봐, 내가 제대로 부모 역할을 하지 못한 것으로 비춰질까 봐, 다른 사람들에게 손가락질받는 부모가 될까 봐, 나로 인해 아이가 힘든 상황에 놓일까 봐 전전긍긍합니다. 그 겁나는 마음을 인정하는 게 얼마나 어려운지 저 또한 잘 알고 있습니다.

반면 부모의 기질이 취약점으로 작용할 때도 있습니다. 대부분 불안이 큰 경우인데요, 불안이 크다 보니 아이들의 새로운 시도와 도전을 지켜보는 게 힘겹습니다. 아이가 살아갈 시대는 부모 세대가 살아온 시대와는 완전히 다르고, 방향과 속도도 달라서 예측 자체가 어렵습니다. 그런데도 부모는 자신이 살아온 시대를 기준으로 아이의 미래를 구상하고 또 아이에게 그것을 강요하곤 합니다. '아이가 잘못되지 않을까?' 또는 '이렇게 해야 아이가 잘 되지 않을까' 하는 걱정과 기대 섞인 염려가 커서 그런 것이죠.

아이를 각자가 가진 개성이나 기질에 맞춰서 교육하라는 얘기는 참 많이 합니다. 반면 부모는 개성이 있는 존재로 보지 않습니다. 그리고 아이의 기질이 부모한테 미치는 영향에 대해서는 아무도 말해주지 않습니다. 아이의 기질이 부모한테 미치는 영향이 있는데 말이죠. 물론 부모의 기질이 아이에게 미치는 영향도 있고요. 그래서 부모와 아이 기질의 상호작용을 알면 갈등을 어느 정도 예측할 수 있습니다. 변화할 수 없는 것은 받아들이고, 변화할 수 있는 부분을 도와주려는 지혜가 필요합니다. 기질은 바꿀 수 없지만, 성격은 우리가 평생에 걸쳐 계속해서 성숙하게 발전시켜 나갈 수 있습니다. 그리고 성숙한 성격 발달을 위한 출발은 바로 변화할 수 없는 아이의 기질을 인정하고 수용하는 데서 시작됩니다. 인정하고 받아들일 것과 변화시킬 수 있는 것을 구분하면 무엇을 해야 할지가 좀 더 명확해집니다.

긍정적인 재해석이 필요하다

♥ ♥ ♥ ♥

서로의 기질에 대해 알면 아이를 좀 더 이해하게 됩니다. 이해는 아이에게 갖는 나의 기대를 현실화하는 데 도움이 됩니다. 그러기 위해서는 각 기질이 가지는 취약점에 주목하기보다는 강점을 볼 수 있어야 합니다. 의도적으로 강점을 부각하고 알아주다

보면, 부모는 아이의 기질을 수용하고, 성숙한 성격 발달을 돕는 방향으로 아이에게 반응할 수 있습니다.

부모가 힘들어하는 아이의 기질적 취약성은 아이가 커서 사회에 나가서도 부정적 피드백을 받게 되는 상황이 생길 수밖에 없습니다. 이때 아이가 그것을 어떻게 해석하고, 의미부여 하는지가 중요합니다. 부모가 먼저 아이의 특성을 긍정적으로 의미부여 해준다면, 아이는 자신의 자원을 더 활용할 수 있는 방향으로 선택하며 살아갈 수 있고, 그것이 강점이 될 수도 있습니다.

아이의 기질과 반대되는 모습의 변화 추구는 목표 설정 자체가 잘못되었습니다. 나의 기대를 아이의 기질에 맞게 현실화해 주세요. 예를 들어, 에너지가 넘치는 아이에게 차분하게 가만히 있으라고 매번 요구하는 건 적절하지 않습니다. 또한 아이에게 '까다로운 아이'라는 꼬리표를 붙이고 있는지도 살펴봐야 합니다. 어떤 꼬리표를 붙이냐에 따라 이후의 정보 처리가 달라지고, 이는 부모가 갖고 있는 아이에 대한 기댓값에도 영향을 미치거든요. 부모가 아이의 어떤 특성에 대해 중요한 측면이라고 긍정적인 의미부여를 해주면 긍정적인 차원으로 강화가 되고, 반대로 부정적인 방향으로 의미부여를 하면 부정적인 차원의 특성이 더 강화됩니다. 지나치게 활동적인 아이에게 "너는 호기심이 많기 때문에 이곳저곳 다니며 살펴보는 게 좋지만, 지금은 가만히 앉아있어 보려고 노력해 보자"라고 말해주면, 아이도 선택적으로 그렇게 해야 하는 상황들이 있음을 배우게 되고, 점차 스스로 그렇게 할 수 있게 됩니다.

아이의 특성에 대해 긍정적인 방향으로 재해석해 주는 예는
다음과 같습니다.

산만하다 ⋯ 다양한 것에 관심이 많구나

충동적이다 ⋯ 열정적이네 / 하고 싶은 마음이 들면 바로 행동할 수 있는
　　　　　힘이 있구나

고집이 세다 ⋯ 네 방식대로 하고 싶은, 너에게는 자율성이 중요하구나

자극추구가 높다 ⋯ 새로운 경험을 하는 걸 좋아하는구나

걱정이 많다 ⋯ 실패하고 싶지 않구나

우유부단하다 ⋯ 신중하구나

불안이 높다 ⋯ 미래를 미리 준비하고 계획하는 힘을 갖고 있구나

다방면에 관심이 적다 ⋯ 좁지만, 깊게 집중해서 하는 힘이 있구나

사교성이 떨어진다 ⋯ 얕고 넓은 관계보다는, 좁지만 깊은 관계를 더 선호
　　　　　하는구나

말이 많다 / 부연설명이 길다 ⋯ 잘 설명하고 싶구나

오지랖 떤다 ⋯ 다른 사람을 도와주고 싶은 마음이 많구나

적응이 힘든 아이다 ⋯ 시간이 필요하구나

아이가 가진 기질적 특성에 대해 부모가 어떻게 의미를 부여
하느냐에 따라, 아이가 자신을 어떤 사람으로 느끼고 경험하는지

가 달라집니다. 이것은 자존감의 근원이 되는 자기감(자신을 떠올렸을 때 느껴지는 전반적인 감각, 생각들)의 성숙한 발달에 영향을 미칩니다. 부모나 주변 사람들이 힘들다고 불만스러운 면을 강조하게 되면, 아이는 끊임없이 자신이 문제가 많은 아이로 평가받고 있기에 결국은 그런 방향으로 스스로를 바라보게 됩니다. 까다로운 아이일수록 자신의 취약점을 극복할 수 있게 적극적으로 긍정적인 재해석을 해줘야 합니다.

기질을 아는 것만으로도 마음이 편안해지는 이유는 양육 태도나 반응에 대한 방향성을 정할 수 있고, 그로 인해 자신과 아이에 대한 기댓값을 현실적으로 조정할 수 있기 때문입니다. 부모 자신의 행동에 대해서도 마찬가지입니다. 우리는 '좋은 부모'에 대한 이상적인 모습을 추구하다가 현실에서의 진짜 실체인 '나'와 '아이'를 정작 놓치는 경우가 많습니다. 모든 변화는 지금 나의 상태를 정확하게 바라보고 인정하는 것에서부터 출발합니다.

기질은 강점과 취약점을 모두 가지고 있습니다. 강점은 강화하고 취약점은 보완하기 위해서는, 긍정적 재해석을 통해 아이의 긍정적인 측면을 인정해 줘야 합니다. 그래야 단점으로 작용하는 측면을 긍정적으로 바꿀 수 있습니다.

누군가가 나의 가장 취약한 부분을 지적만 한다고 생각해 보세요. 얼마나 불안하고 위축될까요. 취약점은 스스로가 가장 잘 알고 있는데 말이죠. 바꿀 수 없는 것을 지적하고 바꾸라고 요구하는 것은 아이를 답답하게 만들고, 위축시킬 뿐입니다.

선생님이 크록스를 신고 오지 말라고 했다며 비가 엄청나게 퍼붓는 날에도 운동화를 신고 가겠다는 아이에게, 융통성이 없는 게 아니라 "너는 규칙이 중요하지. 선생님과의 신뢰를 잘 지키고 싶어 하고 말이야. 그런데 상황에 따라서는 다르게 해야 할 때도 있어"라고 말해주세요. 그러면 아이도 부모가 말해준 규칙과 신뢰를 중요하게 여기는 자신의 특성을 인정하면서 상황에서 따라서는 다르게 해야 한다는 걸 받아들일 수 있게 됩니다.

본문에 나온 예(96쪽)를 참고해서 다음 질문에 대한 답을 채워보세요.
- **내 아이의 기질적 취약점은 무엇인가요?**

_____

_____

- **긍정적인 재해석을 해보세요.**

_____

_____

육아, 현실적인
기댓값 정하기

+ "엄마! 나 태권도 안 다니고 싶어. 힘들어! 그만두고 싶어! 다니기 싫
어. 안 다닐래."

"학원 끊고 싶어~~~. 너무 재미없단 말이야."

"나 이제 생명과학 수업 안 들을래. 힘들어."

학원 가기 싫다는 아이, 학원 갈 시간만 되면 속이 좋지 않다, 배가 아프
다는 말로 수업에 빠질 핑곗거리를 찾기 시작합니다.

아이가 무언가를 시작했다가 마음에 들지 않는다는 이유로 그만두고 싶
다고 할 때, 아이의 의견을 수용해서 그만두게 해야 할지, 끝까지 하도록
밀어붙여야 할지 모르겠습니다. 어떻게 하는 것이 옳은지 판단이 서지 않

아 난감합니다.

학원 가기 싫다는 아이를 그만두게 해야 할지, 계속 다니게 해야 할지 헷갈릴 때가 있습니다. 무조건 가라고 할 수도 없고, 그렇다고 가기 싫다고 할 때마다 그만두게 할 수도 없고 말이죠.

제 아이는 여섯 살 때부터 태권도장을 다녔습니다. 재밌는 놀이로 시작했던 태권도가 점점 외워야 할 품새도 늘어나고 '훈련'의 과정으로 접어들자 아이는 힘들다는 말을 여러 차례 했습니다. 여덟 살 여름방학이 시작되면서 한 달을 쉬었더니 부쩍 더 그만두고 싶어 했습니다. 태권도 사단에서 공식적으로 인정하는 단계인 품띠 취득까지는 3개월 정도가 남은 시점이었습니다. 흰 띠부터 시작해, 다양한 색깔의 띠를 거쳐 이제 품띠 바로 전인 빨간 띠까지 왔는데 여기서 그만두자니 많이 아쉬웠습니다.

아이가 하고 싶어 해서 시작했고 잘하고 있다고 생각했는데, 어느 날 자꾸만 하기 싫다고 하니 부모로서 어떻게 대처해야 할지 판단이 잘 서지 않습니다. 혹은 몇 번 해보지도 않고 재미없어하거나 불안이 높아서 무언가에 도전하거나 새롭게 시작하는 걸 어려워하는 경우도 마찬가지입니다. 이때는 내 아이가 견뎌낼 수 있는 수위를 알아야 하는데, 그러기 위해서는 아이를 있는 그대로 관찰해야 합니다.

아이를 충분히 관찰하고
현실적인 기댓값 정하기

♥ ♥ ♥ ♥

엄친아, 엄친딸이라는 말을 들어보셨지요. 엄마 친구 아들, 엄마 친구 딸이라는 뜻인데요. 왜 그렇게 엄마 친구 아들, 딸들은 무엇이든 척척 잘 해낼까요. 많은 자녀들이 만나보지 못한 엄친아와 엄친딸 때문에 스트레스를 받습니다. 옆집 아이, 같은 반 친구, 친구 아들과 딸이 한다고 내 아이도 꼭 그렇게 해야 할까요?

이럴 때는 즉각적인 빠른 판단을 하는 대신 아이를 며칠간 지켜보며, 아이가 현재 견뎌낼 수 있는 힘이 어느 정도인가를 파악해야 합니다. 그래야 부모가 가진 기댓값을 조정할 수 있으니까요.

관찰이 제대로 되면, 태권도에 계속 가는 쪽으로 설득해 보거나 다른 계획을 세울 수 있습니다. 관찰이 되지 않은 상태에서는 부모도 어떻게 해야 할지 모르기에 마음만 답답할 거예요.

만약 아이를 지켜보며 기다리는 것이 어렵다면 그 이유를 살펴봐야 합니다. 대개 부모 자신의 불안을 못 이겨 자기가 가진 답을 아이에게 강요하는 경우가 많습니다.

아이가 태권도를 그만두고 싶어 할 때, 제 안에 찾아온 불안은 '다른 아이들은 잘만 하는데, 왜 너만 그래?', '이번에 도전하지 않으면 실패하는 거야', '이것도 감수하지 못하면, 다른 것도 해낼 수 없을지 몰라' 등의 한 번의 낙오가 곧 실패라는 생각이었습니다.

그래서 무조건 품띠까지 따야 한다고 강요했지요. 2년 여간 잘 다녔던 터라 아이에게 충분히 그런 힘이 있다고 판단했거든요. 결국 아이는 품띠를 따고 그만두었는데, 며칠 후 도장에 아이와 같이 물건을 찾으러 갔다가 도장에 들어서자마자 아이의 표정이 바짝 얼어붙는 것을 보고 다 제 욕심이었다는 것을 깨달았습니다. 태권도 품띠 하나로 인생의 실패와 성공을 논하다니! 실패하고 싶지 않은 제 마음을 고스란히 아이한테 씌운 것이었습니다.

이 경험은 제게 큰 깨달음을 주었습니다. 한 번 설정한 기댓값도 수정이 필요하다는 것을요. 그리고 부모 안의 실패에 대한 두려움이 아이를 있는 그대로 보는 것을 방해한다는 것도요.

아이에게 영상을 보도록 허락할 때도, 아이를 태권도 도장에 보낼 때도 저마다 목적이 있습니다. 재미나 휴식을 위해서이기도 하고, 운동이나 돌봄이 목적일 수 있습니다. 수학 학원도 마찬가지입니다. 학업을 목적으로 또는 돌봄이나 친구와 어울리기 위해서 다니게 됩니다. 아이가 그만하고 싶다고 하면 관찰을 통해서 아이가 보통 새로운 곳에 적응하는 데 어느 정도 걸리는지, 얼마나 힘들어하는지 잘 관찰해 본 뒤에야 부모가 최종 판단을 할 수 있습니다. 관찰 없이 빨리 결정하려고 하니 옳은 결정을 내리기도 힘들 뿐더러 반복되는 아이의 상황을 개선시킬 수 있는 방안 탐색도 어렵습니다.

아이가 "싫어, 힘들어, 짜증나"라고 한다 해서 부모가 그 뜻을 다 들어줄 수는 없습니다. 학원에 보내야 하는 이유가 있다면 보내야 하죠. 다만 관찰을 통해 그 수위를 조율할 수 있어야 합니다. 아이가 가기 싫다고 안 보내면 다른 중요한 것을 놓칠 수 있습니다. 아이가 견디지 못하는 것이 무엇인지를 발견할 수 없고, 그러다 보면 제대로 된 양육을 하기 어려워집니다.

아이의 상태를 관찰해 보고, 엄마 아빠가 '이 정도면 안 보내는 게 좋겠다'는 판단이 서면 그때 그만두게 하면 됩니다.

우리는 부모로서 아이가 충동이나 좌절을 견딜 수 있는 수위를 알고 있어야 합니다. '내 아이는 이 정도가 되면 견디기 힘드니까 여기는 맞지 않아', '처음에는 힘들어하지만 며칠만 지나면 편안해하니까 며칠만 더 지켜보자' 이런 관찰을 바탕으로 결정을 내려야 하고, 이는 양육의 기준으로 참고할 수 있습니다.

혼내고 칭찬하는 기준 다시 정하기

♥ ♥ ♥ ♥

내 아이에 맞는 현실적인 기댓값을 바탕으로 아이를 혼내고 칭찬하는 기준을 다시 정하는 것도 필요합니다. 칭찬은 남들보다 성과가 좋은 것을 칭찬하는 게 아닙니다.

기억할 것은 아이들은 "한 번에 가르쳐 준 대로 행동하지 못하는 것이 당연하다"라는 것입니다. 아이가 한두 번 만에 가르쳐 준 대로 행동한다면, 오히려 그게 놀라운 일입니다. 그런데 우리는 그 반대로 생각합니다. 한두 번 만에 행동하는 것이 당연하고, 그렇지 못하면 문제가 있다고 여깁니다. 우리가 가진 기댓값이 잘못 설정되어 있는 것이죠. 내가 가진 기댓값을 바로잡아야 합니다.

무엇을 칭찬하고 무엇을 혼낼 것인가. 그 기준을 다시 정해야 합니다. 내가 옳다고 생각하는 것 대신 내 아이를 관찰하고 아이가 할 수 있는 맥락에서 칭찬하고 혼내는 기준을 마련해야 합니다. 이 과정에서 다음 두 가지를 기억해 주세요.

첫째, 칭찬할 때의 기준을 바꾸세요.
아이가 잘해야 칭찬하는 게 아니라, 아이가 반복했으면 하는 행동을 알아봐 주고 칭찬해 주세요. 남들보다 나은 성과가 아닌 아이가 해야 할 일을 했을 때, 바람직하다고 여겨지는 행동을 했을 때, 당연하다고 생각하고 그냥 넘어가지 말고 칭찬해 주세요.

둘째, 하지 말아야 할 행동을 했을 때는 아예 '무반응'으로 대응하고, 세 번 정도 반복되면 "이건 하지 말자"를 담백하게 말하고 지나가세요.
칭찬하지 않는 반응 자체가 아이에게는 처벌이 될 수 있습니다. 아이들이 어릴 때는 잘 떼쓰고, 자기중심적이고, 말귀를 못 알아듣는 게 기본값입니다. 아이들은 밥 잘 먹고, 똥 잘 누고, 잠 잘 자고, 잘 놀고, 아침에 잘 일어나고, 유치원 잘 다녀오면 칭찬해 주면 됩니다. 특별하고 거창한 게 아닌, 사소한 것이나 당연하다고 생각했던 것을 칭찬해 주세요. 그동안 무심코 지나쳤던 수많은 칭찬거리를 찾을 수 있습니다.

만약 핸드폰을 쳐다보며 휴식을 취하고 있는데, 아홉 살 남자아이의 지나친 활기나 요구가 성가셔 짜증내거나 혼냈다면 지금 당장 내 마음을 살펴보세요. 아홉 살 남자아이는 그렇게 하는 게 건강하다는 신호입니다. 그것을 성가시게 보고 있는 나의 마음을 보세요.

부모에게 맞는 현실적인 목표값 정하기

♥ ♥ ♥ ♥

부모도 마찬가지입니다. 아이가 할 수 있는 범위를 고려해 규칙을 정하고 책임을 부여하는 것처럼, 부모인 내가 할 수 있는 범위를 고려해 그만큼의 역할을 하는 것도 중요합니다. 좋은 부모가 되고 싶다는 마음에 마냥 허용해 주고 견뎌내기보다는 내가 수용할 수 있는 범위를 알고 있고 그만큼만 허용할 수 있어야 합니다. 내가 얼마만큼 견뎌낼 수 있는지를 알아야 마냥 참다가 욱하게 되는 일을 방지할 수 있습니다. 다 받아주다가 어느 날 안 된다고 거절하는 것보다는 처음부터 경계를 정해주는 게 좋습니다. 그러면 아이는 그동안 다 받아들여지다가 갑작스럽게 거부당하는 느낌에 혼란스러워하지 않아도 됩니다. 부모도 자신이 아이에게 부정적인 영향을 줬다는 막연한 두려움과 거기에서 비롯되는 죄책감에서 벗어날 수 있습니다.

예를 들어 더운 날 아이와 밖에 나가기 힘들어서 거실에서 물장난하는 것을 허락했을 때, 거실에 물을 흘리거나 어지럽혀지는 것을 수용하기 어렵다면 거실이 아니라 욕실에서 할 수 있도록 해야 합니다. 재밌게 놀고 싶은 아이 욕구만 보고 수용했다가 자신이 감당하지 못하는 상황에서 "물, 이거 뭐야!" 하고 버럭 소리를 질러버릴 수 있거든요.

아이가 할 수 있는 범위와 내가 감당할 수 있고 견뎌낼 수 있는 범위의 교집합을 찾아야 합니다. 그러기 위해서 부모인 스스로게에 갖는 기대도 현실적인지 살펴봐야 합니다. 무엇이든 목표를 잘 세워야 합니다. 내가 이룰 수 없는 목표는 좌절감만 커지게 만드니까요.

아이에게 하는 기대도 부모인 나에게 하는 기대도, 목표를 작게 세분화해서 현실적으로 설정해야 합니다. 아이의 작은 성취에도, 나의 작은 성취에도 아낌없이 칭찬해 주세요. 궁극적으로 도

달하고자 하는 목표의 수준과 자신이 지닌 현재의 능력 수준에 맞게 목표를 설정해야 실천이 가능합니다. 육아에서만큼은 내가 가지고 있는 기본값과 기댓값을 현실화하세요. 발달과업상 충분히 할 수 있더라도, 부모가 보기에 충분히 가능하더라도, 다른 아이들이 다 하더라도 내 아이의 '지금'이 기준이 되어야 합니다. 부모의 기대는 현실에 있는 내 아이에 맞게 계속 수정해 나가야 합니다. 그래야 내 아이에게 맞는 현실적인 기댓값 설정이 가능하니까요. 이것이 바로 내 아이에 대해서 잘 아는 것이 됩니다. 내 아이가 어떤지 잘 알면 부모가 가진 불안도 줄어듭니다. 이것은 '할 수 없다'라는 패배 의식을 뜻하는 게 아니라 현실감각을 찾는 것입니다. 기댓값을 낮추는 게 아니라 기댓값을 현실화하는 거지요.

check point

아이가 할 수 있는 범위를 고려해 규칙을 정하고 책임을 부여하세요.

현실적인 기본값
- 아이들은 뛰는 것이 당연하다. 아이들은 뛰어다닌다.
- 아이들은 자기가 좋아하는 것만 먹으려고 한다(편식하는 게 기본값).
- 아이들은 자기중심적이다(타인의 입장을 고려하지 못함).
- 아이들은 정리 정돈을 잘 못한다.

열여덟 살 청소년도 스물여덟 살 어른도 자기 방을 깨끗하게 정리하거나 정리 정돈을 잘 못하는 경우가 많습니다. 자신은 불편하지 않거든요. 놀랍게도 스스로가 불편을 느끼면 잔소리하지 않아도 스스로 치우는 날도 있다는 걸 발견하게 될 거예요.

그렇다면 잘 못하니까 엉망진창으로 해놓고 살아야 하나요??

내 아이가 할 수 있는 범위에 맞게 부모의 개입과 요구하는 정도를 조절해 나가야 합니다. 예를 들어 처음에는 '책상 위나 방바닥에 떨어져 있는 물건 열 개만 제자리에 정리하기'에서 시작해, 점차적으로 범위를 넓혀가다 한참 후에는 '책상 위 정리하기'나 '방 치우기'를 요구하는 단계로 나아갈 수 있습니다. 물건 열 개를 제자리에 정리하기가 목표라면, 처음에는 다섯 개 정도는 아이 혼자 하고, 나머지 다섯 개는 부모가 함께 거들다가 서서히 부모의 개입 정도를 낮추는 식으로 진행합니다.

아이가 가진 현실적인 기본값을 인정하면 아이가 다르게 행동했을 때 내가 어떻게 개입할 수 있을까를 고민하지만, 기본값을 인정하지 않으면 '너는 잘못됐어. 고쳐야 해'라는 마음으로 윽박만 지르지요.

지금 우리 아이의 발달 단계에서는 노력해도 이루기 어려운 것을 자꾸 요구하면, 아이는 늘 노력해도 해내기 어려운 자기 자신을 경험하게 됩니다. 결국 스스로에 대해 부족감을 느끼게 되고 아예 시도조차 하지 않게 될 수도 있습니다.

나만의 육아처방전 대처 카드 만들기 :
의식적으로 변화 지점 일깨우기

심리적으로 취약한 부분이 건드려질 때 우리는 예민해지고 평소와는 다르게 과잉반응을 하게 됩니다. 그러면 화를 더 자주, 더 강하게 낼 수밖에 없습니다. 내 기분이 좋을 때는 참아 넘길 만하다가도, 내 몸이 좀 피곤하고 마음이 힘들면 아이의 행동을 지켜보는 것이 힘든 이유입니다.

반응 연습은 육아처방전 대처 카드 만들기에서부터
♥ ♥ ♥ ♥

마음 알아차리기 일지 쓰기 활동을 통해 나를 들여다보고, 아이와 배우자와의 관계를 들여다보면서 스스로에 대해 좀 더 잘 알게 되면 나만의 육아처방전 대처 카드를 만들 수 있습니다. 화가 나거나 관계에서 갈등이 생길 때 찾아오는 '습관적인 마음 반응 패턴'도 확인할 수 있습니다. 그에 대응하는 건강한 반응을 연습하다 보면, 나를 자극해 화나게 만드는 생각들의 빈도와 강도, 지속시간이 분명 줄어들 거예요. 한순간의 깨달음을 통해서 모든 것이 짠하고 바뀌는 일은 없습니다. 변하기 위해서는 그동안 하지 않았던 것을 반복적으로 연습하는 훈련 시간이 필요한데요, 이때 필요한 것이 나만의 육아처방전 대처 카드입니다.

내가 겪고 있는 경험을 살펴보고 나의 언어로 나만의 육아처방전 대처 카드를 만들어 봅니다. 이 카드는 마음 알아차리기 일지를 쓰면서 발견한 건강한 반응을 요약해서 만든 것으로, 나를 자극하는 반복되는 감정이나 생각이 들 때 어떻게 해야 할지의 대처 방안이 담겨 있습니다. 이것을 눈에 잘 띄는 곳에 붙여놓고 의도적으로 의식적으로 변화 지점을 일깨우세요.

통찰만으로 나의 양육 행동을 단번에 바꾸는 것은 어렵습니다. 우리가 운동을 통해 근력을 키울 때를 생각해 보면, 어떻게 해야 긍정적인 방향의 양육행동을 할 수 있을지를 알 수 있습니다. 근력운동을 처음 할 때는 매우 힘들지만, 결국 그것을 해냈을 때 얻게 되는 건강과 성취감은 큽니다. 하면 할수록 점점 더 익숙해지고 더 높은 강도로 높여서 운동을 해야 운동한 것처럼 느껴지기도 합니다.

부모들은 자신의 마음 기능을 아이에게 물려주게 됩니다. 불안이 몰려들 때 그것을 어떻게 수용하고 완화하는지 아이와의 상호작용을 통해 그러한 마음의 기능을 이식해 주게 됩니다. 그러니 부단히 내 안의 것을 살피고 좋은 것으로 채우려는 노력이 필요하지요. 아이에게는 성숙한 어른의 마음이 필요합니다. 그러기 위해서는 부모가 먼저 성숙해져야 하겠죠.

나만의 육아처방전 대처 카드 만들기

아이나 배우자와의 관계에서 반복되는 불편한 상황이나 갈등 상황에서 저절로 하게 되는 자동적 생각을 좀 더 빨리 알아차리면 나와 가족을 보호할 수 있습니다. 예시를 참고하여 자신의 상황에 맞는 나만의 육아처방전 대처 카드를 나의 언어로 작성해 보세요. 이때 나만의 육아처방전 대처 카드에는 두 가지 내용이 포함됩니다.

1. 내가 반복적으로 하고 있는 그 생각(자동적 사고)에 오류가 있다는 것
2. 이 상황에서 도움이 되는 건강한 대안적 사고 및 건강한 반응

♥
<나만의 육아처방전 대처 카드> 예시

나는 지금 아이와 바로 연락이 되지 않아 두려워한다는 것을 안다. 혹시 사고가 나지 않았을까 하는 두려움도 있다. 나는 항상 이런 일이 일어날 가능성이 매우 크게 느껴진다. 그러나 사실은 나 스스로 위험도를 과장하고 있다. 아이는 핸드폰을 무음으로 해놓아서 내 연락을 받지 못했던 적이 많았다. 아이가 받을 때까지 전화하기를 원하지만, 실제로는 그럴 필요가 없다. 그러지 않고도 아이는 충분히 안전하다.

아이들이 마음대로 소리치고 떼쓰는 건 나를 괴롭히려고 그러는 게 아니다. 오히려 그렇게 행동해도 자신과 엄마 모두 파괴되지 않는다는 믿음과 안전한 환경이기 때문에 그렇게 표현할 수 있는 것이다. 아이는 자신의 마음을 표현하는 방법이 서툴러서 그렇다. 어떻게 표현하는지를 알려주면 된다.

나는 거절을 받으면 한없이 상처받는다. 내가 중요하게 여겨지지 않는다는 생각에 초라하게 느껴지고 수치심을 느낀다. 하지만 그 느낌은 진실이 아니다. 내가 중요하지 않기 때문이 아니라, 내가 요청한 것을 들어주기 힘든, 상대의 상황이나 삶의 방식이 있기 때문이다. 나는 거절이나 비난에 취약하다. 내 요청이 수용되면 기쁘고 감사하지만, 매번 그렇게 되기 어려운 상황들이 분명 있다. 그것은 내가 중요하게 여겨지지 않은 것과는 아무런 상관이 없다. 아이와 남편 그리고 ○○(그들의 이름 나열)에게 나는 존재 자체로 중요하고 소중하다.

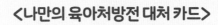

❤️ <나만의 육아처방전 대처 카드>

Chapter 3

아이와의 관계를 다지는
민감성 키우기

민감성을 키우는 기본은
관찰과 확인

Chapter 2에서 건강한 애착 관계를 위한 준비 단계로, 아이를 비추는 부모가 가진 거울의 모양을 살펴보는 훈련을 했습니다. 부모 자신이 건강한 애착을 경험해 보지 못했더라도, 아이와 함께하는 상황을 '관찰'하고 그것을 바탕으로 '생각'할 수 있으면 됩니다. 물론 이 생각도 각자 자신의 경험으로 생긴 관점에 영향을 받을 겁니다. 그러니 '내가 생각한 것이 틀릴 수도 있다'고 인정하는 마음을 갖는 게 정말 중요하지요

건강한 애착을 형성하기 위해 부모가 가져야 할 양육 태도는 딱 두 가지입니다. 아이가 감정이나 행동 등 비언어적으로 표현하고 있는 것에서 의도를 알아차릴 수 있는 단서를 민감하게 알아차

리고 적절하게 반응하는 것입니다.

'대체 쟤가 왜 저러는지 모르겠어'라고
말하게 되는 이유

♥ ♥ ♥ ♥

아이가 보내는 신호를 잘 포착하기 위해서는 호기심을 바탕으로 한 '관찰'이 필요합니다. 아이들은, 특히 어린아이일수록 말로 소통하기보다는 비언어적인 요소로 소통하기에 관찰이 더 중요하지요.

아이가 척하면 부모가 척 알아차리는 민감성을 가지길 원하지만, 민감성은 사람마다 천차만별이고 한 번에 다른 사람이 어떤 상태인지 알아차리는 것은 불가능에 가깝습니다. 아무리 내가 낳은 내 자식이라도 아이는 엄연히 나와 다른 존재니까요.

신생아 때를 돌아보면 많은 부모들이 병적인 수준으로 아이를 살피며 몰입합니다. 죽었는지 살았는지 아기의 생사를 걱정하며 살필 지경이지요. 매 순간 아기에게 주의가 집중되어 있습니다. 아기가 자는 동안 급하게 샤워를 하면서도 혹여 그사이 아이가 깨서 울까 봐 초조해합니다. 심지어 아기 울음소리가 들리는 것 같아 중간에 후다닥 뛰어나갔다가 지나친 주의로 인한 '환청'이라는 걸 알고는 허탈해진 경험도 있을 겁니다.

이 정도의 몰입 수준을 계속해서 유지하기는 불가능합니다. 그래서 부모는 점점 자신이 옳다고 생각하는 것을 기준으로 아이를 빠르게 판단하지요. 아이의 모든 신호를 한 번에 잘 포착하는 것은 불가능하고, 적절하게 해석하는 기술을 한 번에 익힐 수도 없습니다. 우리는 AI도 아닐 뿐더러 24시간 내내 아이 곁에서 아이만 보고 있을 수도 없으니까요. 열 길 물속은 알아도 한 길 사람 속은 모른다는 속담처럼 한 사람을 안다는 것은 정말 어려운 일입니다.

그래도 아이에 대한 빅데이터는 시간을 두고 차차 쌓이게 됩니다. 내 아이가 어떤 기질이나 성향인지, 충동이나 좌절을 견디는 정도는 어느 수준인지 등 아이에 대해 알고 있는 것들이 많아질수록 민감하게 알아차리는 것도 수월해집니다. 다만, 그 과정에서 부모 자신의 관점에서 벗어나 아이를 있는 그대로 관찰해야 합니다. '아이는 그럴 만한 이유가 있다'라는 마음으로 아이를 바라보세요. 그래야 아이가 하는 어떤 말과 행동을 부모가 가진 잣대에 끼워 맞춰 판단하고 단정 짓는 일을 피할 수 있습니다. 부모가 자신의 가치 판단대로만 아이를 보다 보면 시간이 흐를수록 '대체 쟤가 왜 저러는지 모르겠다'라는 반응을 하게 됩니다. 당연합니다. 아이 마음속에 있는 감정이나 생각을 가져다 내 것과 상호작용해야 하는데, 부모 마음 안에 있는 기준대로만 바라보면 아이를 모를 수밖에요.

부모의 요청에 대답만 바로 하는
아이의 행동에 숨겨진 마음

♥ ♥ ♥ ♥

✛ 라임이는 거실에서 인형 놀이 중이고, 엄마는 저녁 준비 중입니다. 식탁 위에 아이 책 서너 권과 색종이 몇 장이 어지럽게 놓여있습니다.

"라임아, 곧 저녁 먹을 거니깐 식탁 정리 좀 해."

"… 응."

아이는 대답만 하고서는 자기가 하던 일을 계속합니다. 엄마는 장난감을 만지며 놀고 있는 아이에게 한 번 더 말했습니다.

"라임아, 곧 저녁 먹을 거야. 식탁 위에 책도 있고 색종이도 있어 지저분해. 정리 좀 해줘~"

"… 응."

아이는 마지못해 대답은 했지만 여전히 식탁을 정리하러 오지 않습니다. 엄마는 이제 화가 나서 아이한테도 성큼성큼 다가갔습니다.

"너, 엄마 말 안 들려? 아까 치운다고 약속해 놓고 왜 안 하는 거야? 왜 약속 안 지켜?"

라임이 엄마는 라임이에게 식탁 정리를 요구했고, 아이의 "응" 이라는 대답을 식탁을 곧 정리하겠다는 뜻으로 이해했습니다. 하지만 반복된 요청에도 아이가 움직이지 않는다면 엄마가 처음 세운 가설이 틀렸을 수 있습니다. 그런데 엄마는 처음에 세운 가설인 '정리하겠다고 대답했으니 정리할 거야'라는 믿음을 버리지 않았고, 결국 라임이는 엄마가 세운 가설에 맞게 행동하지 않았기 때문에 '약속을 지키지 않은 아이'라는 꼬리표를 달게 되었습니다. 엄마의 기준에서는 자연스럽게 연결되는 결론입니다. 엄마 마음 안에 있는 생각의 재료만 사용해서 엄마가 만든 이야기니까요. 엄마와 아이의 관계에서 발생한 상황에 대한 해석은 서로 주고받아 내려야 하는데, 이 상황에서는 아이 마음 안에 있는 정보는 하나도 사용되지 않았습니다.

아이들이 부모의 요청에 바로 응답하는 경우에는 다음과 같은 마음이 숨겨져 있습니다.

- 사랑받고 인정받고 싶은 마음
- 비난받고 싶지 않은 마음
- 혼날까 봐 두려운 마음

아이들은 부모에게 사랑과 인정을 받고 싶은 마음이 큽니다. 또 비난받고 싶지 않은 마음과 더불어 혼날지 모른다는 두려운 마음도 갖고 있지요. 그래서 순간적으로 "응"이라고 대답해 버립니다. 라임이는 '약속을 지키지 않는 믿을 수 없는 아이' 혹은 '엄마 말을 거절하는 아이'가 아니라, 엄마가 원하는 행동을 하기 위해

지금 자신이 하고 있는 재밌는 놀이를 잠깐 멈춰야 하는 즉, 그만큼의 '좌절을 감당해내는 힘'이 부족할 뿐입니다.

아이가 보내는 신호를
잘 해석하기 위한 4단계 실천법
♥ ♥ ♥ ♥

아이가 보내는 신호를 잘 해석하기 위해서는 다음 4단계를 따라야 합니다.

1단계. 아이에게 그럴 만한 이유가 있다고 인정하기
'내가 요청한 것을 계속하지 않는 것을 보니까 무슨 이유가 있는 것 같은데'

2단계. 아이의 행동과 마음 상태를 연결해서 상상해 보기(세 가지 이상의 다양한 가설 세우기)
'내 말을 무시하나?'
'내가 한 말을 까먹었나?'
'인형 놀이를 한창 하고 있는 걸 보니 그 놀이를 계속하고 싶은 마음이 큰가 보네'
※ 처음 떠오른 한두 가지 가설은 버립니다. 내가 제일 먼저 떠올린 생각은 지금 일어난

상황을 관찰한 것을 근거로 생각한 것이 아니라, 습관적으로 하던 자동적인 마음 반응일 확률이 더 높거든요.

3단계. 내 마음 상태 다시 점검하기

'근데 나는 곧 식사준비가 끝날 예정이라 식탁 정리가 필요한데'

4단계. 내 마음 상태와 연결해서 아이 마음은 어떤지 모르니 확인하기

'라임아, 엄마가 지금 식사 준비를 다 했거든. 너는 인형 놀이 계속 하고 싶은 거야? 식탁 정리를 먼저 하고 인형 놀이 하는 건 어때? 너는 어떻게 하고 싶어?'

그동안 하던 방식이 아니라서 낯설고 어려워 보이고, 그래서 잘하지 못할지도 모른다는 마음이 먼저 들 수도 있습니다. 하지만 가만히 생각해 보면 부모들은 이미 이런 작업을 잘 해왔습니다. 부모가 아니면 도저히 의미를 찾을 수 없던, 아기가 보여주는 여러 몸짓, 손짓, 옹알이 등에 온갖 의미를 부여해서 아이와 소통했던 지난날을 떠올려보세요. 아기와 눈 마주치며 "그랬떠요~" 하고 혀짧은 소리를 내며 아이의 마음이 이런지 저런지 추측하며 다양하게 헤아려주던 때를요. 역량은 충분합니다. 다만 좀 더 잘 해내기 위해서 '아이는 그럴 만한 이유가 있다'라는 전제를 기억하고, 인정할 필요가 있습니다. 아이도 자신만의 논리가 있습니다. 아무 이유나 생각 없이 무심코 한 행동이 아니라, 아이 나름의 이유가 있다는 전제를 부모가 인정할 수 있어야 합니다.

또한 오늘 아이가 보내는 감정 신호는 내가 알고 있는 정보와 1대1로 매칭되지 않을 수 있습니다. 새로운 정보가 담겨 있을 수도 있습니다. 그러니 부모에게는 '나는 너를 모른다'는 태도가 필요합니다. 그렇지 않으면 대부분 '네가 내 말을 안 듣는구나. ⋯ 네가 나를 무시하는 거니?'라는 생각으로 이어지고, 이런 생각이 강해지면 결국 괘씸해서 '버릇을 고쳐놓으려는' 행동으로 이어집니다.

첫째도 둘째도 아이에게 확인하기!

부모는 자신이 겉으로 보이는 아이의 행동을 주로 어떤 패턴으로 해석하고 있는지를 알아차리는 연습이 필요합니다. 이것은 '2단계 아이의 행동과 마음 상태를 연결해서 상상해 보기(세 가지 이상의 다양한 가설 세우기)'에서 발견할 수 있습니다. 대개 처음에 떠올린 생각은 지금 일어난 상황을 관찰한 것으로, 생각한 것이 아니라 습관적으로 하던 자동 반응인 경우가 많습니다.

이렇게 내 마음과 아이의 마음을 헤아리는 연습을 하다 보면, 우리가 알고 있는 하나 이상의 관점이 존재한다는 걸 깨닫게 됩니다. 즉, 나의 사고가 확장되어 가는 거죠. 그럼에도 불구하고 우리는 아이가 보내는 신호를 적절하게 해석할 수도 있고 그러지 못할 수도 있습니다.

그러니 아이의 속마음을 제대로 해석하기 위해서는 첫째, 잠정적 가설을 세우고, 둘째, 그 가설이 맞는지 아이에게 물어보면 됩니다. 나의 가설이 맞다고 단정 짓지 말고, 반드시 아이에게 질문해야 합니다. 그렇게 나의 가설을 검증하고 조절하다 보면 아이에 대한 양질의 정보를 많이 쌓을 수 있습니다. 아이에 대해서 아는 것이 점점 많아질수록 아이와의 관계에서 어떻게 반응해야 할지 판단할 수 있는 기준이 생깁니다.

'내 아이니까 내가 잘 알아'라는 마음이 아이를 제대로 아는 데 방해가 되고, '내 아이니까 나와 같을 거야'라는 생각은 아이를 있는 그대로 볼 수 없게 합니다. 절대 아이의 생각과 느낌을 무의식적으로 나와 같을 것이라고 동일시하지 마세요.

아이 마음을 배우는 방법은 관찰에서부터

♥ ♥ ♥ ♥

나를 기준으로 아이를 바라보면 이해되지 않는 것들이 많습니다. 부모 눈에는 너무 낡아 새로 사는 게 더 나아 보이는 것도 아이는 버리지 않고 소중하게 다루기도 하고, 반 친구들에게 줄 선물을 밤늦게까지 포장하기도 합니다. 부모 입장에서는 '잠도 안 자고 왜 그러고 있는지' 못마땅하고 '공부를 저렇게 해보지' 하는 아쉬운 마음도 듭니다. 하지만 '손수 만든 걸 친구들에게 줄 때의 기쁨을 소중하게 여기는 아이'라는 걸 알면 그 모습을 지켜볼 수 있습니다.

아이가 감기에 걸려 병원에 가면 의사 선생님이 어디가 어떻게 아픈지를 물어봅니다. 열은 있는지, 콧물은 나는지, 목은 아픈지, 기침은 하는지, 기침을 언제 하는지 등 구체적인 증상을 묻지요. 물론 보호자의 말에만 의지하지 않고 직접 목이 부었는지 보기도 하고, 청진기를 가슴이나 등에 대보며 진찰합니다. 그래야 아이의 증상에 알맞은 약을 처방할 수 있기 때문이지요.

아이 마음을 배우는 방법은 이와 같습니다. 증상을 관찰하듯이 아이의 행동과 마음을 관찰하는 것에서부터 시작합니다. 병원에서 처방받은 약을 먹어도 단번에 낫지 않을 때가 더 많습니다. 사흘 후 증상이 나아지지 않으면 다시 병원에 가고, 그러면 의사 선생님은 약의 종류나 용량을 바꿔 처방합니다. 부모가 아이를 관찰하는 것도 마찬가지입니다. 아이 마음을 단번에 헤아리기 어려울 때가 많지요. 특히 부모는 아이의 행동을 자신의 마음속에 있는 생각으로만 연결시키기 쉽습니다. 부모 안에 있는 '아이에 대한 자신의 생각'만 사용하기 때문에 아이가 진짜 어떤지를 알 수가 없지요. 내 의지, 내 욕구, 내 바람, 내 요구 이런 것만 가득한 내 마음만 사용하니 아이를 있는 그대로 볼 수 없습니다.

아이에 대한 판단을 내리기 전에 아이의 마음을 지켜보며 관찰해 보세요. 겉으로 보이는 아이의 행동에 대해서만 옳고 그름으로 판단하지 말고 아이의 의도와 욕구를 볼 수 있어야 합니다. 그러지 않고는 아이 마음을 배울 수가 없습니다.

책이나 강의에서 나온 사례의 그 아이는 내 아이와 닮은 부분도 있지만 완전히 다른 아이입니다. 내 아이는 그 아이와 다른 성향과 행동 패턴을 가지고 있습니다. 그러니 내 아이를 관찰하는 것에서부터 시작해야 합니다. 또한 아이와의 관계에서 부모인 나는 어떻게 반응하고 있는지도 관찰해야 하고요.

우리 가족이 상호작용하는 방식을 관찰하는 것부터 시작하세요. 단순히 대답 안 하고, 손 빨고, 화내는 장면이 아니라, '그전에 무슨 일이 있었는지', '그 안에서 어떻게 서로 반응하고 있는지'를 관찰하는 것이 중요합니다. 그래야 서로의 반응을 조율하며 갈 수 있습니다.

아이들을 관찰하고 직접 경험하고 깨달은 것을 믿으라고 하지만 무척 어려울 겁니다.

아이의 마음을 헤아릴 때 평가하거나 단정적으로 하던 말을 관찰하는 말로 바꿔보세요. 아이를 평가하는 말을 하면 아이에 대한 미움이 더 커질 수 있고, 부모의 생각이 당연하다는 식으로 스스로 합리화하는 오류를 범하게 됩니다. 아이의 마음을 좀 더 잘 관찰하기 위해서는 '관찰 언어'를 사용하는 연습이 필요합니다. 관찰 언어로 바꿔보면 부모가 아이에 대해서 더 잘 알 수 있습니다. '우리 아이가 이런 아이였다고?' 하고 놀랄 수 있습니다.

아이에 대해서 "얘는 예민해"라는 판단이나 평가하는 말을 사용하고 있다면 이렇게 바꿔보세요.

"얘는 예민해.
… 밥 먹을 때 꼭 자기가 원하는 숟가락만 가지고 먹으려고 하네."

이렇게 관찰 언어로 바꾸면 다른 관점으로 아이를 보게 될 여지가 생깁니다. 즉, 평가의 내용도 달라지게 되죠. '자기만의 취향이 있는 아이'라는 새로운 관점이 하나 더 생길 수 있습니다.

일상에서 아이의 마음을 읽는
세 가지 연습법

표정과 감정을 연구한 세계적인 심리학자 폴 에크만Paul Ekman 은 감정을 알아차리는 데 둔감한 사람도 훈련을 통해서 충분히 민감하게 알아차릴 수 있다고 했습니다. 다른 사람의 표정이나 비언어적 요소에서 발견한 여러 단서들을 통해서 감정 표현에 대한 추측을 할 수 있다는 말인데요, 다른 사람들이 감정 변화에 따라 표정이나 목소리가 달라지는 것을 보고 익히고 연습해야 가능해집니다. 예를 들면 아이와 그림책을 함께 보며 동화책 속 주인공과 주변 인물들의 감정을 추측해 보고, 그 마음이 어떤지를 아이와 함께 나누며 부모와 아이 모두 감정에 대한 적절한 반응을 생각해 볼 수 있지요.

아이와 나의 감정 돌아보기,
목소리에 담긴 힌트 알아차리기

♥ ♥ ♥ ♥

아이의 불편한 감정을 초기에 발견할 수 있다면, 불편한 상황을 초기에 진압할 수 있습니다. 아이의 마음 읽기에 도움이 되는 세 가지 방법을 알려드릴까요?

첫째, 그림책이나 만화 등 영상을 볼 때 곁에 앉아서 함께 보세요. 등장인물의 감정이 뜻하는 바를 찾아보세요.

그림책과 만화 보기는 아이와 함께 연습할 수 있어 효과가 두 배이기에 가장 추천하는 방법입니다. 아이와 함께 동화책을 읽으면서, 책 속 등장인물 한 명 한 명의 표정과 행동을 말로 표현하면서 연습해 봅니다. 이때 주인공에만 포커스를 두지 말고 책 속 그림 전체를 샅샅이 살펴보세요. 위에서 아래로, 왼쪽에서 오른쪽으로 요소들을 하나하나 다 살펴보는 겁니다. 방법은 특정 요소만 보고 자동적으로 평가해 버리는 습관에서 벗어나 전체적인 맥락에서 여러 관점을 두루두루 살펴보는 태도를 기르는 데 효과적입니다. 한 단계 더 나아가 "즐거워", "슬퍼 보여", "화난 것 같아"라고 감정 단어를 표현하면서 그에 맞는 표정도 지어보세요. 아이와 마주보며 동화책 주인공의 표정을 따라 해보다 보면, 서로 친밀감을 높이는 놀이 시간이 됩니다.

책 속 주인공들이 그 감정을 느끼게 된 원인도 살펴봐야 합니다. 그 감정이 뜻하는 '내용'을 찾아봄으로써 감정의 다양성을 키울 수 있습니다.

"얘 눈이 삐죽해진 걸 보니 화가 났어."
···▸ "동생이 언니 물건을 마음대로 가져갔기 때문이야."
"방방 뛰고 있는 걸 보니 즐거워 보여."
···▸ "오늘이 생일이라서 생일선물을 받을 수 있기 때문이야."

아이와 만화 영상을 볼 때는 추임새를 넣어보세요. 만화를 함께 시청하면서 자연스럽게 '감탄사'를 사용해 보는 겁니다. 단, 일부러 가르치려고 그런 장면을 의도적으로 만들지는 마세요.

"윽, 브레드 이발사가 너무 소시지를 함부로 대하는 것 같아! 너무해! 소시지가 불쌍해~."

"월크는 너무 착하기만 한 것 같아. 엄마는 저런 상황에서 화가 날 것 같은데."

만화 속 장면을 소재로 주인공이 경험한 '감정'에 대한 느낌과 반응을 서로 나눠볼 수도 있습니다.

그리고 추억을 소환시켜 사진이나 동영상을 함께 보며 친밀감을 느끼면서 감정 반응에 대해 공부할 수 있습니다. 아이가 울고 떼쓰던 힘든 상황도 세월이 지나 되돌아보면 미화되어 아름답게 여겨지기도 합니다. 이처럼 아이와 함께 예전 사진을 보면서 그때 아이가 왜 그랬는지, 어떤 마음에서 그랬는지를 편안하게 이야기 나눌 수 있습니다. 당시에는 이해하지 못했더라도 지금은 아이에 대한 정보를 조금 더 가지고 있어서 더 잘 이해할 수 있습니다. 무엇보다 그런 시간을 통해서 아이는 자신의 마음을 한 번 더 살펴보는 기회도 되고, 부모가 당시에 어떤 마음이었는지를 편안함 속에서 배울 수 있습니다.

다양한 감정을 파악하고 싶다면 감정 목록을 정리해서 틈틈이 익혀도 좋습니다. 어떤 상황이 내가 원하는 대로 되었을 때 느끼는 감정과 원하는 대로 되지 않았을 때 느끼는 감정을 정리해 보면 내 감정의 성격을 파악할 수 있어요. 저와 상담한 부모님 중에는 초등학교 3학년 아들을 둔 분이 계셨습니다. 그분께 감정 목록을 정리해 드렸는데, 스마트폰에 캡처해 넣어두고 아이와 이야기할 때마다 감정 카드를 꺼내 보았다고 합니다. 그 결과 아이가 자연스럽게 자신의 감정을 표현하게 되고, 부모님은 '너는 그렇구나'로 반응할 수 있게 되었다고 해요. 아이가 초등학생 정도라면 이 또한 좋은 방법입니다.

둘째, 목소리에 좀 더 귀 기울여 보세요.

폴 에크먼은 사람의 목소리에는 숨길 수 없는 감정 정보가 담겨있다고 했습니다. 표정은 거짓으로 꾸밀 수 있지만 목소리는 그릴 수 없다고요. 저는 이 말에 만 퍼센트 동의합니다.

우연히(그렇지만 천만다행으로!) 제 아이와 저의 목소리가 녹음된 적이 있습니다. 컴퓨터로 영상을 보다가 기억하고 싶은 부분이 있어 스마트폰 녹음 기능을 사용하고 있었어요. 그때 아이가 방에 들어와 "엄마, 패드로 영상 봐도 돼?"라고 물었습니다. 저는 단호하게 "안 돼"라고 거절하며 아이와 몇 마디를 나눴는데, 예기치 않게 그 상황이 녹음되었더라고요. 다음날 그 녹음분을 다시 듣다가 아이와 제 대화도 듣게 되었는데, 소스라치게 놀랐습니다. 단호하다고 생각했던 제 목소리가 너무 신경질적이고 짜증스럽게 느껴져서 제가 들어도 무섭더라고요. 제가 생각했던 태도와 너무 달라 충격적이기까지 했습니다. 가만히 그 장면을 되돌아보니, 무언가에 집중하던 중에 아이가 들어오자 신경이 쓰였고 성가셨던 마음이 컸던 것 같습니다. 저의 마음 상태가 뭔가에 집중하고 싶은데 방해받았다는 생각에 순간적으로 짜증이 났던 거죠. 그 마음이 고스란히 신경질적이고 짜증스러운 목소리로 반영되었습니다. 하지만 저는 스스로 '단호하게' 말했다고 착각했지요. 만약 녹음된 내용을 듣지 못했더라면 저는 끝까지 제가 단호하게 말했다고 여기며 잘했다고 생각했을 겁니다.

이처럼 화가 났을 때를 떠올려보면, 목소리가 날카롭거나 떨리는 등의 목소리 톤이 달라졌음을 다른 사람들은 쉽게 알아차립니다. 감정을 자각하는 데 둔감하다면 스스로는 잘 못 느낄 수는 있지만, 다른 사람들에게는 숨겨지지 않습니다.

목소리에는 많은 정보가 담깁니다. 아이 목소리를 들어보면 '나 짜증났어. 화났어' 혹은 '나 즐거워. 신나'라고 직접적으로 언어로 표현하지 않더라도, 이러한 감정이 묻어나는 것을 느낄 수 있습니다. 말 자체의 내용보다 그 말을 하는 목소리가 어떤지를 살펴보면 좀 더 정확히 아이의 마음 상태에 대한 힌트를 알아볼 수 있습니다. 이 부분은 아이가 커갈수록 중요합니다. "오늘 어땠어? 무슨 일 있었어?"라고 묻는 부모의 말에 아이가 "아니, 아무 일 없었어"라고 시무룩하게 말하고 방에 들어간다면 정말 아무 일이 없었다고 봐야 할까요? 아니지요. '무슨 일이 있나? 좀 지켜봐야겠네'라는 마음을 가지고 관찰이 필요하다는 신호입니다.

셋째, 나의 감정을 더 세밀하게 느껴보려고 노력해 보세요.

이것은 마음 알아차리기 일지 쓰기를 통해서 연습할 수 있습니다. 감정의 다양성을 많이 찾아 풍부하게 확보해 놓는 것이 중요합니다. 내가 가지고 있는 감정을 풍부하게 인식할수록 상대방을 이해하기 쉽습니다. 그렇기에 내가 한 경험을 깊이 들여다보며 거기서 느낀 감정과 그 감정의 원인과 내용을 세세하게 찾아보는 훈련이 필요합니다. 최신 뇌과학에서 '나의 감정을 더 세밀하게 느껴보려고 노력함으로써 타인의 감정도 더 잘 알아차리게 된다'

는 연구 결과와도 연결됩니다.

우리는 대체로 내가 가진 것을 바탕으로 다른 사람에게 공감할 수밖에 없습니다. 지금 아이가 어떤 상황에 놓여있고, 무슨 마음인지를 순간마다 살펴보는 것은 에너지가 많이 들기 때문에 뇌로서는 비용이 굉장히 많이 드는 작업이거든요. 뇌는 '효율성'을 최고로 보기 때문에 내가 가진 것을 바탕으로 직관적으로 상대방을 공감하려는 태도를 가질 수밖에 없습니다. 따라서 내가 내 감정을 잘 인식하려고 하는 노력이 결국에는 아이의 감정이 어떤지를 더 잘 느끼고 알 수 있게 해줍니다. 아이가 지금 느끼는 고통을 공감할 수 있고, '관대함'을 보여줄 수 있습니다. 내 감정을 세세하게 살펴보는 것이 결국 아이와 가족, 모두가 잘 지내는 방법입니다.

Q "따뜻하고 너그러운 부모가 되고 싶은데, 아이보다는 제 감정이 앞서니까 제가 너무 이기적인 부모 같아요."

A 아이의 감정을 잘 알아봐 주지 못한다고 스스로를 냉정하고 관대하지 못한 부모로 여기는 경우가 있습니다. 배우자나 아이의 실수를 관대하게 넘겨주는 것을 못하는 것이 아니라 그 상황에서 모호하고 괴로움을 느끼는 자신의 감정을 견디는 게 힘들어서 그랬던 겁니다.

상대방을 걱정하거나 염려하는 따뜻한 마음이 없는 것이 아니라, 그 상황에서 내가 느끼는 불편한 마음을 잠시 담고 있는 것이 어려워 화를 내는 경우가 많습니다.

내 감정을 잘 담아주고 견뎌내기 위해서라도 내가 느끼는 경험을 세세하게 들여다보는 것이 중요합니다. 나를 잘 아는 만큼 나를 더 잘 견뎌낼 수 있다는 말은 진실이거든요. 내가 나를 잘 감당할 수 있게 되면, 불편감을 즉각적으로 표현하는 대신 한 번 더 생각해 볼 수 있습니다.

아이의 감정 습관을 바꾸려면
경험에 의미를 부여하라

아이들과 친정 식구들 식사 모임에 갔을 때의 일입니다. 제 아이와 나이가 같은 조카가 나란히 앉아서 서로의 학교생활의 어려움에 대해 이야기하더라고요. 제 아이가 "우리 반에 이런 애 있어서 진짜 힘들어~"라고 말하자 조카도 자신의 학교에서 힘든 아이와 겪었던 이야기를 쏟아냈습니다. 서로 자신의 힘든 일들을 주고받으면서 누가 더 힘든 경험을 했는지 우위를 따지는 듯한 모습이 귀여웠습니다.

저는 이 아이들이 자신이 경험한 힘듦의 의미는 알지 못한 채 서로 '힘들다고' 말하고 있다는 걸 발견했습니다. 그 힘들게 하는 어떤 아이에 대한 이해도 전혀 없었고요. 이 말인즉슨, 계속 그 어떤 아이의 행동이 반복되면 제 아이나 조카는 스트레스를 받고 힘들 수밖에 없다는 뜻이기도 했습니다. 서로의 힘듦에 대해 경쟁하듯 쏟아내더라도 그 경험에 대한 새로운 의미 부여가 되지 않는다면, 비슷한 상황이 반복될 때마다 스트레스는 계속 될 테고, 반복될수록 상황에 무던해지는 것이 아니라 점점 더 견디기 힘들어집니다.

행동을 변화시키는 의미 부여

♥ ♥ ♥ ♥

아이의 감정습관을 바꾸기 위해 부모는 아이의 경험에 새로운 의미를 부여하고 재해석해 줄 수 있어야 합니다. 그래야 비슷한 상황을 다시 겪을 때 좀 더 견뎌낼 수 있는 힘이 생기고 자기조절력도 키울 수 있습니다.

같은 상황이라도 의미에 따라 질적으로 전혀 다른 경험을 할 수 있습니다. 예를 들어 학교에서 선생님이 질문했을 때 "저요! 저요!"라고 손부터 드는 아이가 있는가 하면, 알지만 손을 들지 않는 아이가 있습니다. 보통 말 끝나자마자 손을 드는 아이를 가리켜 적극적이다, 자신감 있다고 하고, 손들지 않고 조용히 있는 아이를 가리켜서는 소극적이다, 내성적이다, 조용하다, 부끄럼이 많다라고 평가합니다. 부모들은 내 아이가 눈에 띄게 발표도 잘하고 당찬 모습을 보이면 뿌듯하지만 그렇지 않으면 속상해합니다.

하지만 현장에 계신 초등학교 선생님을 만나 보면 그것을 좋게만 해석하지는 않습니다. 충동성이 강하고 생각하지 않고 손부터 드는 아이라고 보기도 합니다. 그래서 질문을 하고 이렇게 곧바로 덧붙입니다. "얘들아, 제발 생각하고 손 들자~"

전자는 강점을 발견해 칭찬하는 의도가 있고, 후자는 문제를 발견해 고쳐주려는 의도가 큽니다. 둘은 결국 한 행동에 대해 강점과 취약점을 평가하고 있기에 모두 맞는 말이지만, 어떤 것에 더 큰 의미를 부여해주느냐에 따라 아이는 자신에 대해 가지는 느낌이 확연히 다를 겁니다.

좌절, 긴장, 충동을 견디는 힘 키워주기

의미 부여는 어떻게 해주면 될까요?

아이가 좋아하는 학습만화 주인공들을 그리고 있습니다. 아이가 그림이 이상하다며 여러 번 지우면서 '나는 그림을 못 그린다'라며 툴툴거리면 "똑같이 안 그려도 돼. 그림을 참고하되 너의 캐릭터를 만들어 봐. 엄만 이 그림보다 네가 그린 이 그림이 훨씬 귀엽고 사랑스러워!"라고 아이에게 필요한 의미를 부여해 줄 수 있습니다.

아이가 어떤 것에 대해서 느끼는 감정을 바꾸고 싶다면, 그 감정의 내용이 달라져야 합니다. 아이에게 필요한 의미를 잘 찾으려면, 아이를 관찰하고 아이를 중심에 두고 생각해야 합니다. 내가 옳다고 생각하는 것을 말해주는 것이 아니라, 아이에게 필요한 것이 무엇인지를 살펴보면 그 의미를 찾을 수 있습니다.

무언가가 잘 되지 않았을 때 아이가 낙담하며 "나는 아무것도 제대로 해내지 못해"라고 한다면, "너는 지금 이것을 하는 데 아직 익숙하지 않을 뿐이야"라고 재해석해줄 수 있죠.

무언가를 시작할 때마다 짜증내거나 불안해하며 "하기 싫어. 못해"라고 표현한다면, "너는 새로운 것에 익숙해지는 데 조금 시간이 필요하지, 편안해지면 금방 또 즐겁게 하는데, 지금 낯설어서 불편하구나"라고 할 수 있고요.

아이가 등원하는 길에 엄마와 함께 집에 있는 동생을 보며 "엄마는 동생만 예뻐해"라고 한다면, "○○가 엄마와 좀 더 시간을 보내고 싶은 마음이 많은가 보네. 동생은 아직 어려서 어린이집에 가지 못해서 집에 있는 건데 말이야"라고 재해석해 줍니다. 아이가 자신이 가진 관점을 다르게 생각할 수 있도록, 미성숙한 생각의 한계에 갇히지 않도록 부모가 아이의 경험에 새로운 의미를 부여해 주는 겁니다. 물론 의미 부여를 한다고 곧바로 아이의 기분이 달라지지는 않습니다. 하지만 '안심'은 됩니다. 아이가 상황을 어떻게 해석하느냐에 따라 아이의 감정 반응이 달라지기 때문입니다. 막연히 불안했던 마음이 서서히 줄어들면 안정감을 되찾을 수 있습니다. 이런 과정이 하나둘 쌓이다 보면 아이는 점차 불편한 감정도 감당할 수 있게 됩니다.

주의할 점은 아이가 클수록 "너는 천재야! 다 잘할 수 있어!" 처럼 근거 없이 막 치켜세우면 아이가 받아들이지 않습니다. 그 똑똑함에 어긋나는 상황이 생기지 않도록 하기 위해서, 안전한 선택만 할 수도 있습니다. 아이가 무언가를 잘하지 못하는 것에 대해 아무것도 못한다고 과잉 해석하고 있다면, 그것을 지금 현재 상황에 대해서만 의미 부여를 하도록 도와주는 겁니다. 이런 과정이 하나둘 쌓이다 보면 아이는 점차 좌절과 긴장, 충동을 견뎌내는 힘을 키울 수 있습니다.

부모가 아이에게 의미를 재부여할 수 있으려면, Chapter 2에서 살펴본 마음 알아차리기 일지 쓰기를 통해 자신한테 먼저 적용해 봐야 합니다. 내가 해보지 않거나 갖고 있지 않은 것을 아이에게 주기란 쉽지 않으니까요.

부모의 의미 부여로
아이는 마음의 기능을 배운다

♥ ♥ ♥ ♥

아이들이 감정을 다루고 표현하는 방법은 서툴고 미숙합니다. 부모들은 '맛있는 거 먹자~', '이거 하고 놀까?'로 아이들이 불편한 기분에서 빨리 벗어날 수 있게 도와주려고 합니다. 이때 아이의 기분을 빨리 바꿔주고 싶은 마음에 하는 반사적인 반응을 경계해야 합니다.

예를 들어 아이가 시무룩하거나 어깨가 축 처진 모습으로 집에 들어옵니다. 오늘 무슨 일 있었는지 물어봤더니, 선생님께 혼이 났답니다. 이럴 때 아이의 기분을 바꿔주고, 기운을 북돋아주기 위해서 쉽게 응원의 말들을 하게 됩니다.

"신경쓰지마~ 그럴 수도 있지~", "그만 잊어버려~ 뭐 그런 걸로 주눅 들고 그래~", "맛있는 거 먹으러 가자. 기분 풀어."

이런 말에 아이는 쉽게 기분이 나아지지 않습니다. 이런 말 자체가 나쁘고 잘못됐다는 것이 아니라 현재 아이가 겪고 있는 상황에 대한 의미 부여가 있어야 합니다. 그 과정이 생략되면 아이의 감정 반응은 바뀌기 어렵습니다. 다음에 비슷한 상황에서 또 똑같이 반응하게 됩니다. 밑 빠진 독에 물 붓기처럼 매번 위로하고 달래주어야 합니다.

아직 발달 단계상 미성숙한 아이는 자신과 타인 그리고 세상을 관찰하는 시력이 좋지 못합니다. 초점도 잘 맞지 않을 때가 많지요. 그러니 부모가 아이 곁에서 시력을 보조해 주는 '안경'의 기능을 해주는 겁니다. 부모의 렌즈를 통해 보여주면 아이는 수정된 정서적 경험을 하게 되고, 이러한 경험을 반복하다 보면 아이는 그러한 마음의 기능을 배우게 되고, 스스로 대처할 수 있는 힘을 키울 수 있습니다. 불편한 감정을 좀 더 성숙하게 받아들이고 다룰 수 있는 자기조절력도 생기지요. 좌절과 충동을 견디는 힘도 길러집니다.

공부를 잘하기 위해서도
좌절, 긴장, 충동을 견디는 힘이 필수

♥ ♥ ♥ ♥

아동·청소년을 대상으로 인지능력을 평가하는 심리검사 중에 '웩슬러 지능검사'라는 것이 있습니다. 일종의 IQ검사라고 생각하시면 됩니다. 검사 결과, 수치가 높은데도 왜 수학을 잘하지 못하는지 의문을 갖는 부모님들이 있습니다. '타고난 머리'는 있는데 '노력'을 하지 않아 문제라고 아이를 몰아세우기도 합니다.

공부는 타고난 지능도 중요하지만, 수많은 충동과 좌절을 견뎌내는 힘이 필요한 영역입니다. 놀고 싶고, 자고 싶고, 편안하게 쉬고 싶은 충동을 견뎌내는 힘이 필요하지요. 잘 풀리지 않는 문제, 이해되지 않는 문제들을 몇 번이고 다시 읽어봐야 하는 불편한 감정을 견뎌내는 힘이 동반되지 않으면 타고난 지능을 발휘하기도 어렵습니다. 공부하는 과정에서 수많은 유혹을 만납니다. 그 과정은 매우 지난하고 힘들지요. 친구와 놀고 싶고, 게임하고 싶은 유혹을 참아내야 하고, 이해되지 않는 내용을 반복해서 봐야 하며, 심지어 알고 있는 내용도 천천히 또 봐야 하는 지루함을 견딜 수 있어야 합니다. 열심히 한 만큼 결과가 따라주지 않을 때의 좌절도 감당할 수 있어야 합니다. 아이가 어렸을 때부터 양육자는 아이의 경험을 보다 성숙하게 비춰주는 안경의 역할을 해줌으로써 심리적인 안정감을 길러줄 수 있습니다. 그 결과 아이들이 자신을 견뎌내는 능력도 더 강화됩니다.

우리가 무언가를 처음 배울 때를 떠올려보세요. 처음에는 익숙지 않아 엄청난 좌절감을 느끼게 됩니다. '과연 내가 이걸 할 수 있을까', '왜 이런 걸 하겠다고 했을까' 등등 별별 생각이 다 들다가도 시간이 지나면서 조금씩 익숙해지고 편안해지면 재미도 붙고 자신감도 생깁니다. 아이들도 마찬가지입니다. 잘 모를 때, 이해되지 않는 내용을 붙잡고 있을 때 겪게 되는 그 좌절감을 견뎌내는 힘이 있어야 자신감이 붙는 단계로 이어질 수가 있습니다.

물론 아이에게 힘이 되도록 새로운 의미 부여와 긍정적인 재해석을 해주는 게 즉각적으로 되지는 않습니다. 신사임당처럼 모든 것에서 지혜롭게 대응하는 부모가 되길 원하지만, 시간을 두고 천천히 다가가야 합니다. 주변 다른 아이가 어떤지를 물어보는 것보다, 아이의 경험을 마음속에 담아두고 곱씹으면서 내 아이에게 필요한 의미를 찾아야 합니다. 그러니 시간이 걸리는 것은 당연하지요.

학교에 갔다가 집에 온 아이가 씩씩대며 불만을 토로했습니다.
수업 시간에 과제로 숨은그림찾기를 하는데, 짝꿍이 바꿔서 하자고 제
안했대요. 아이는 아직 마지막 숨은 그림을 덜 찾았기 때문에 더 찾으
려고 싶다고 했답니다. 그랬더니 짝꿍이 "너 나빠!"라고 말했다며 엄청
나게 억울해하며 화를 내더라고요.
짝꿍인 친구는 자기 마음대로 안 되면 남 탓을 한다기보다는, 자신이
하고 싶은 것이 좌절됐을 때 그것을 견디기 힘들어하고, 좌절이나 속
상한 마음을 표현하는 게 서툰 아이로 보였습니다. 하지만 그로 인해
제 아이가 경험하는 좌절도 있습니다. 그것에 대해 아이가 관점을 넓
힐 수 있도록 재해석해서 표현해 주었습니다.
"그래, 그런 말 들으면 진짜 짜증 나고 속상하겠다. 너는 네가 하던 걸
끝까지 하고 싶었는데 말야. 그 친구는 자기가 하고 싶은 걸 지금 당장
하고 싶었나 봐. 그래서 기다리는 게 무척 힘들다는 걸 '너 나빠'라고
말한 것 같아"라고 말해주니, 집에 와서 짝꿍이 자길 화나게 했다며 씩
씩대던 아이의 태도가 금방 수그러들었습니다. 이럴 때 다음에는 어떻
게 하면 좋을지 알려 줄 수도 있습니다. "그럴 때는 '싫어'라고 하는 대
신에 '하나 남은 거 마저 찾고 바꾸자'고 말하면 더 좋을 것 같은데?"

아이가 느낀 감정에 어떤 의미가 있는지를 알아주지 않고 혼자 삭히면
불편한 자극에 대한 이해 없이 그냥 지나가게 됩니다. 그 후 다음에 또
불편한 자극이 오면 다시 자극받는 경험을 쌓게 되고, 이런 자극이 되
풀이될까 봐 두려워집니다. 너무 불편한데 어떻게 처리하는지 모르고
삭히고 쓱 지나가 버렸기 때문에 이런 감정을 만나는 것 자체가 굉장
히 싫고, 그러다 보니 시간이 지날수록 더 크게 반응하게 됩니다.

애착에 영향을 미치는
일곱 가지 요인

애착이라는 말을 들었을 때 어떤 것들이 떠오르는지 부모들을 대상으로 물어본 적이 있습니다. 정말 다양한 것들이 나왔는데요, 다음과 같습니다.

따뜻함, 아이에게 꼭 필요한 것, 아이에 대한 불안함과 미안함, 부담스러움, 아이들에게 잘하는 것, 얼마나 나와 스킨십이나 교감을 많이 했는가로 판단하는 것, 따스하고 부드럽다는 느낌, 애정결핍, 집착, 아이와 엄마와의 관계, 엄마 아빠와의 친밀도, 친밀감, 따뜻하고 일관된 안정감, 안정과 믿음, 신뢰, 사랑, 내게 없다 느껴지는 것.

많은 분들이 '애착'이라는 단어에서 '아이에 대한 부모의 절대적인 사랑'을 떠올립니다. 특히 '관계에서의 안정감, 신뢰'를 연결 짓습니다. 아이가 갓 태어났을 때는 '갈아 넣었다'는 표현이 적합할 정도로 부모의 절대적인 관심과 돌봄이 필요합니다. 핵가족화로 양육에 대한 부담과 책임감이 커진 만큼 '육아는 부모가 함께 해야 한다'는 인식이 늘고 있지만, 안타깝게도 아직은 엄마가 대부분의 책임을 지고 있는 경우가 많습니다. 그렇기 때문에 막중한 책임감으로 아기를 돌보는 엄마의 환경을 살펴봐야 합니다. 누구든 '의지'만으로 육아를 잘 해내기는 어렵습니다. 더군다나 출산 이후 몸도 회복되지 않았고, 매일 숙면이 어려운 상황에서 아기를 돌보는 엄마의 돌봄 환경이 어떤지를 살펴보는 것은 아이의 안정적인 건강한 애착 형성을 위해 매우 중요하지요.

사랑과 의지만으로
건강한 애착을 만들 순 없다

♥ ♥ ♥ ♥

✦ 친정엄마와 사이가 소원한 미정 씨는 첫 아이를 낳고 엄청난 불안에 휩싸였습니다. 조리원이나 산후도우미분을 통해 신생아를 돌보는 방법들을 배웠지만 모든 것이 너무 서툴렀습니다. 부모로서 어떻게 해야 하는지 모르겠다는 불안한 마음이 커져, 아이가 잘 때 곁에서 편히 잠들지 못하

고 육아서를 읽다가 꾸벅꾸벅 졸기 일쑤였습니다. 시간이 지나도 익숙해지기는커녕 감도 잡히지 않아, 점점 더 불안감이 커졌습니다. 출산 후 빨리 회복되지 않는 몸도 원망스러웠습니다. 점점 아이가 부담스럽게 느껴졌고 직장으로 도망가고 싶다는 마음이 들기 시작하자, 자신의 모성애를 의심하고 부모로서 아이한테 잘해주지도 못하는 무능력하고 나쁜 엄마라고 자책했습니다.

많은 부모들이 육아를 잘하고 싶어 합니다. 그런데 어떤 사람들은 육아에 많은 시간을 쓰며 아이 마음을 헤아리려 노력하는 과정이 '모성애'라는 이름 아래 저절로 된다고 여기거나 엄마나 부모 개인의 의지 문제라고 생각합니다. 제 자식 키우면서 뭐가 그렇게 힘들다고 하는지 모르겠다며 혀를 차는 사람들이 대표적이죠.

아이를 사랑하고 보살피며 키우는 것은 그렇게 하겠다는 의지와 아이를 사랑하는 마음이 가장 중요합니다. 대부분의 부모들은 이런 마음을 갖고 있지요. 하지만 시간이 지나면서 아이를 사랑하는 마음과는 다르게, 아이와 갈등이 생기고 통제력을 잃어버리면서 점차 무기력해지기도 합니다. 그런 부모에게 부모 역할의 중요성만 요구하면 어떨까요? 잘하고 싶지만 그렇게 할 수 없는 부모 입장에서는 죄책감과 좌절감만 커집니다.

우리는 아이와의 건강한 애착의 중요성을 강조하면서, 그것의 책임을 주양육자인 엄마의 노력에 한정해서 보는 경우가 많습니다. 하지만 안정 애착은 엄마의 사랑과 의지만으로는 턱없이 부족합니다. 그것은 엄마에게 너무나 가혹한 책임을 덧씌우고 부모 개인의 문제로 돌려 죄책감과 수치심을 갖게 합니다.

"아이 하나를 키우려면 온 마을이 필요하다"라는 말처럼, 아이와 엄마가 안정 애착을 맺기 위해서는 많은 자원이 필요합니다. 그것이 적절히 갖춰졌을 때 엄마는 아이와 긍정적인 상호작용을 하며 안정적이고 질 높은 환경으로서의 역할을 아이에게 해줄 수 있습니다.

부모가 아이를 잘 양육하고 훈육하며 건강한 애착 관계를 맺기 위해서는 부모의 의지나 사랑 외에 다음의 요인들이 영향을 미칩니다.

1. 양육에 대한 신념
2. 경제적 수준
3. 신체적 건강(체력)
4. 심리적 취약성(스트레스 대처 능력)
5. 배우자의 지지와 육아 참여 정도
6. 부모의 애착 안정감
7. 아이의 기질

소리를 지르고 화를 내야 아이들이 말을 듣는다는 잘못된 양육 신념을 가지고 있거나 경제적으로 매우 불안정하고, 배우자와 자주 갈등을 겪고 있는 경우, 부모와 아이는 건강한 애착 관계를 맺기 어려운 환경에 놓여 있다고 볼 수 있습니다. 또한 이런 어려움을 터놓고 나눌 수 있는 가까운 사람이 없거나 부모 자신의 돌봄 경험 또한 안정적이지 않은 경우에도 안정 애착을 맺기에 매우 취약한 환경에 있는 셈입니다. 이런 환경에서는 아이를 돌보며 민감하게 반응하기란 정말 어렵지요. 부모의 취약한 환경을 개선하는 게 먼저입니다. 심리적으로 취약한 자신을 먼저 돌봐야 합니다. 또한 까다롭고 예민한 기질의 아이를 키우고 있다면, 그 아이의 기질은 부모가 갖고 있는 심리적 취약성을 더 악화시키고 결국 아이를 돌보는 능력에 악영향을 주는 악순환으로 이어지기도 합니다.

사회심리학자 레빈Kurt Lewin은 인간의 행동은 개인과 환경 간의 상호작용의 결과라는 '장 이론Field Theory'을 주장했습니다. 엄마의 양육 태도를 엄마의 사랑과 의지에만 의존하는 것은 한계가 있습니다. 아이에게 민감하게 반응하고 아이와 안정 애착을 맺는 것은 아이와 부모라는 사람의 특성과 환경적 영향을 많이 받기 때문에 엄마의 긍정, 낙천성, 사랑, 의지에 기대서만은 안 됩니다. 특히 아이가 어릴수록 엄마가 돌봄을 전적으로 제공하는데, 이 돌봄의 질에 영향을 미치는 환경적 맥락을 점검하고 개선해야 합니다. 환경이 변하면 돌봄의 질이 달라지고, 결국 애착에 변화를 가져올 수 있습니다.

사람의 행동은 그 사람과 그를 둘러싼 환경 간의 상호작용의 결과입니다. 엄마의 사랑이 부족하고 의지가 나약해서가 아닙니다. 무엇보다 아이를 돌보는 엄마의 능력은 배우자와의 안정적인 애착 관계의 지지를 받을 때 강화됩니다.

자기희생적인 육아는 자기중심적인 육아다
♥ ♥ ♥ ♥

많은 엄마들이 아이들과 지내다 보면 자신이 이렇게까지 감정적으로 미숙한 사람인지를 새삼스럽게 느끼게 된다고 합니다. 별거 아닌 사소한 일에 크게 화를 내는 전혀 나답지 않은 모습들을 자꾸 발견하니까 스스로가 부족하게 느껴지고, 이런 자신의 부족함으로 아이들이 상처받을까 봐 걱정된다며 괴로워합니다. 하지만 가만히 살펴보면, 부족해서 화를 내기보다는 일상의 스트레스가 처리되지 않아서 짜증이 나 있는 경우가 대부분입니다. 이 상태에서는 사소한 일에도 부정적 반응이 크게 올라오고, 참을성이 없어지기 마련이고요. 그렇기에 아이의 행동을 여유롭게 받는 게 어려워 화로 아이를 제압하기도 하지요. 아이들은 미성숙하기 때문에 원래 칭얼거리고, 치대고, 싸우기도 합니다. 아이를 키우다 보면 이런 행동들도 여유롭게 받아주거나 견뎌내야 하는데, 부모가 그걸 견뎌낼 힘이 없기 때문에 사소해 보이는 상황에서 참아왔던 화가 터지게 되는 것이죠. 이때는 더 견디지 못했던 자신을 자책하기보다는 일상의 스트레스를 확인하고, 그것을 제거하거나 다루는 게 필요합니다.

애착의 변화는 돌봄의 변화가 있어야 가능하고, 돌봄의 변화는 환경의 변화를 필요로 합니다. 애착에 변화를 가져올 수 있는 가장 빠른 방법은 바로 가정환경부터 점검하고 변화시키는 겁니다. 모순적으로 들리겠지만 자기희생적인 육아는 자기중심적인 육아와 같습니다. 아이를 키우는 엄마들을 만나 보면, 아이를 위해 모든 것을 잘하려고 애쓰지만 그 안에 자신이 없는 경우를 종종 마주하게 됩니다. 자신의 의존 욕구가 충족되지 않은 부모들은 아이의 의존 욕구를 무시하기도 하지만, 반대로 과하게 충족시켜 주려 애쓰기도 하거든요. 그들의 육아를 가만히 들여다보면 아이가 원하는 욕구를 충족시켜 주기 위해서 노력하지만, 그보다 자신의 결핍된 욕구를 충족시키기 위해서 더 많이 애를 쓰는 것을 볼 수 있습니다.

좋은 엄마가 되려고, 아이를 안전하게 지켜주고 모든 걸 채워주는 엄마가 되려고 너무 애쓰지 마세요. 오히려 그게 아이한테 안 좋은 영향을 미칩니다. 아이에게 무언가를 해줄 때는 내 욕구가 아닌 아이의 욕구가 중심이 되어야 합니다.

많은 엄마들이 아이를 위해서 아낌없이 시간을 씁니다. 그런데 정작 자신을 위한 시간을 쓰는 것에는 죄책감을 느낍니다. 아이의 곁에서 오랜 시간 같이 있게 되면 아이를 먹이고 입히고 재우는 것은 잘 돌봐줄 수 있더라도, 부모도 체력적으로 감정적으로 많이 지치기 때문에 민감하게 아이의 반응을 알아차리고 조율하는 데는 어려움을 겪을 수 있습니다.

요즘 왠지 짜증이 많아졌다고 느낀다면, 지금 힘든 거예요. 나와 엄마 역할에 대한 균형이 깨지면 서러움이 크게 남습니다. 균형을 찾을 수 있어야 합니다.

당장 어떤 조치를 취할 수 있을지부터 찾아보세요. 지금 우리 집에 어떤 변화가 절실하게 필요한지를 찾아보고, 그것을 선택했을 때 잃는 것과 얻는 것은 무엇인지 밸런스 카드를 작성해 보세요. 그리고 선택하세요. 지금은 엄마 역할에 치중해야 하는 시기가 맞더라도, 자기 시간을 아예 포기하고 살면 안 됩니다. 시간이 지난 뒤 누군가를 원망하며 살게 될 수도 있습니다.

적절한 돌봄이 제공되지 못하는 '환경의 결핍'이 어린아이에게 해로운 영향을 미치는 것과 마찬가지로 어린아이를 돌보는 엄마에게도 엄마가 놓인 환경이 중요합니다. 엄마가 아기를 돌보는 것에 집중할 수 있도록 지지해주고 도와주는 환경이 제공되어야 엄마도 보다 여유롭고 평온하게 아이를 돌보고, 아이도 안정되게 성장할 수 있습니다.

이 모든 것을 어머니의 '모성애'라는 단어로 정의 내리거나 어머니의 '성숙함'에만 기대지 않길 바랍니다. 아이와 안정적인 애착을 형성하기 위해서는 엄마 혼자만의 희생으로는 절대 불가능합니다. 엄마의 환경이 어떤지 우리 가족의 밸러스를 체크해 보세요.

예)

지금 나에게/ 우리 가정에 필요한 것	배우자의 지지 남편이 일찍 집에 오는 것
얻는 것	- 아이와 남편이 함께 시간을 보내면 아이에게 좋은 영향을 줄 수 있다. - 나도 남편이 아이와 놀아주면 좀 쉬면서 체력을 회복할 수 있다. - 그러면 독박육아를 하다 보니 피곤해 남편에게 자주 화를 내던 것을 줄일 수 있다. - 피곤해서 아이가 울면 쉽게 짜증이 나고 화가 나는 것을 줄일 수 있다. - 정서적 안정감을 얻을 수 있고, 그 에너지를 바탕으로 아이와 좋은 관계를 맺을 수 있다. 아이에게 정서적 안정감을 줄 수 있다.
잃는 것	경제적으로 월 50만 원의 야근 수당이 줄어든다.

지금 나에게/ 우리 가정에 필요한 것	
얻는 것	
잃는 것	

안정된 애착의 출발점은
부부관계

+ 주말에는 좀 일찍 일어나서 아이랑 놀아도 주고, 어디 데리고 나가기라도 했으면 좋겠는데, 꼭 그렇게 말을 하지 않으면 할 줄을 몰라요. ⋮

+ 외출할 때 나는 아이들 옷 입히고 물이랑 간식 담을 가방도 싸야 하고 여러 가지로 바쁜데, 남편은 자기 옷만 홀랑 갈아입고 차 키만 챙겨서는 빨리 나오라고 재촉하니 얼마나 얄미운 줄 몰라요. ⋮

+ 하나하나 도와 달라고 말하지 않으면 스스로 알아서 하질 않으니 너무 답답해요. ⋮

✦ 애들 좀 봐달라고 했더니 아이들이랑 같이 TV를 보고 있더라고요. 말하지 않아도 같이 게임을 하든가 만들기 놀이라도 하면 좋을 텐데 생각이 없는 것 같아요.

엄마들은 아이가 스스로 알아서 자신의 할 일을 잘 해내는 자기주도성을 참 좋아합니다. 가만히 보면 이것은 남편에게도 똑같이 적용되더라고요. 아내들이 남편에게 갖는 가장 큰 불만이 '좀 알아서 해주지!'라는 기대인 것 같습니다. 아이는 아이라서 그렇다 해도, 어른인 남편이 스스로 알아서 하지 못하는 건 암만 생각해도 수용하기가 어렵거든요.

아이도 어른도 스스로 알아서 잘하려면 습관이 형성되어야 합니다. 그 습관이 형성되기 전까지는 남편에게도 줄기차게 구체적인 요청을 하고 협력을 요구해야 합니다. 물론 남편이 하는 것이 내 기대에 차지 않아서 두 번 부탁하지 않는 경우도 있습니다. 두 번 일할 바에는 그냥 내가 하겠다는 마음이지요. 아이에게 직접 할 기회를 주지 않으면 그것을 잘할 수 없듯이 배우자도 마찬가지입니다. 이것을 염두에 두고 내가 갖고 있는 배우자상이 어떤지를 살펴보세요. 스스로 알아서 무엇이든 척척 잘 해내는 이상적인 배우자상을 갖고 있다면 그 기댓값을 조정해야 합니다. 반면에 남편에 대한 기대 없이 혼자서 모든 것을 떠맡고 있다면 이 역시 역할 조정이 필요합니다.

불편한 부부 관계의 피해자는 아이

♥ ♥ ♥ ♥

배우자와 투닥거리다 서운하거나 미운 마음이 들면, 아이한테도 괜히 미안한 마음이 듭니다. 우리가 문제없이 잘 지내면 아이와 다 같이 편안하고 즐거운 시간을 보낼 텐데 그러지 못하니 미안하고 죄책감이 들지요. 또 그럴수록 남편이 더 미워집니다. 남편이 꼴 보기가 싫어 남편이 앉아 있는 거실에 나가기 싫고, 그러니 아이랑도 상호작용을 할 마음의 힘이 나지 않습니다. 혼자 놀고 있는 아이한테 미안하고 죄의식이 들 수밖에요. 이런 마음이 있으면서도 불편한 마음을 참아내기가 힘겨워 별거 아닌 일에 아이에게 짜증을 내거나 잔소리를 하기도 합니다.

부부 사이에 발생한 불편한 감정을 제대로 처리하지 못하면 그 부작용은 아이에게로 돌아갑니다. 배우자가 충족시켜 주길 바랐던 자신의 의존 욕구나 기대를 아이를 통해서 채우려고 합니다. 특히 옛 엄마들을 보면 자신의 욕구와 꿈을 전부 아들에게 걸고 아들이 잘될 날만 기다렸죠.

부부가 서로 불편하면 자연스럽게 감정을 표현하는 것이 어렵게 됩니다. 그러다 보면 내 안에 긴장감이 높아집니다. 고무줄을 길에 잡아 늘어뜨린 것처럼 팽팽해지고 끊어질 것처럼 아슬아슬한 순간에 탁하고 고무줄을 놓아버리면 큰 소리를 내며 튕겨나가듯, 남편한테 표현하지 못한 감정을 죄 없는 아이한테 쏟아내고 맙니다. 남편한테 내야 할 화까지 얹어서 아이에게 쏟아냄으로써 아이가 부당하게 감당해야 하는 몫이 커지는 겁니다. 예를 들어 정리되지 않은 감정으로 이유 모를 짜증이 속에서 부글거리고 있는데 난장판인 거실을 보면 아이에게 "거실이 대체 이게 뭐야. 놀고 나면 정리하라고 내가 몇 번을 말했어. 얼른 치워!"라며 쏘아붙이기 쉽습니다. 아이는 아까까지도 별다른 말이 없다가 난데없는 엄마의 신경질적인 잔소리 폭격에 기분이 상하고 억울한 마음이 듭니다.

아이 때문에 난 짜증이 아니란 걸 알면서도 아이한테 퍼붓고, 때론 내가 어떤 마음으로 그런 행동을 하고 있는지 잘 모른 채 아이 때문이라는 생각으로 아이에게 쏟아내는 거죠. 이때 아이는 부모, 특히 엄마의 감정 쓰레기통 역할을 할 수밖에 없습니다. 아이에게 배우자에 대해 하소연 하는 것은 경계해야 합니다. 아이는 자신과 아빠와의 경험 안에서 느끼는 것보다 엄마가 겪은 아빠에 대한 부정적인 감정을 전달받게 됩니다. 아내에게는 기대에 못 미치는 남편이더라도, 아이에게는 꽤 괜찮은 아빠일 수도 있는데 말이죠.

불화 속에 아이에게 좋은 양육을 하기가 얼마나 어려운지는 그리스 로마 신화만 봐도 알 수 있습니다. 바로 남편의 바람으로 상처 입은 아내가 남편에게 복수하기 위해 자식들을 죽여버리는 이야기가 나옵니다. 극단적인 경우이긴 하지만 그 정도로 배우자와의 갈등에서 생기는 스트레스가 막강하다는 뜻입니다. 아이들을 양육하고 사랑하는 데 심각한 영향을 끼친다는 말씀을 드리고 싶습니다.

평소 대수롭지 않게 참아 넘기다가 한 번씩 터질 때를 찬찬히 되짚어보면 이미 다른 것에서 짜증이 나 있었던 경우가 많고, 많은 경우 부부관계에 불편한 기류가 흐를 때 아이에게 그 긴장감을 터트리며 해소한다는 것을 알 수 있을 거예요.

부부는 집안의 모든 일을 함께하는 원팀

♥ ♥ ♥ ♥

아이가 어릴 때는 육체적으로 몸이 너무 고단하고 힘들어서 부부싸움이 일어날 수밖에 없습니다. 그래서 아이가 클 때까지는 남편이 상당히 도와야 합니다. 부부는 팀플레이로 함께해야 합니다. 어느 가정을 막론하고 막중한 부담감과 책임감을 가지고 육아를 함께해야 합니다. 남편은 아빠로서 아이를 양육하는 일을 직접적으로 도와주는 것도 필요하지만, 막중한 과제를 떠맡고 있는 엄마의 마음이 좀 더 편안할 수 있도록 지지하고 도와주는 것도 중요합니다. 엄마는 남편과의 관계가 좋아야만 아이를 돌보는 자신의 책임도 다할 수가 있습니다. 그래야 아이가 원하는 것을 좀 더 잘 베풀 수 있는 상태가 될 수 있습니다.

너무 무심한 남편을 둔 엄마들은 거기서 발생하는 화를 아이에게 하소연하며 풀거나 아이에게 과도한 기대를 품기도 합니다. 반대로 남편과 닮은 부분을 몹시 못마땅해하며 남편에게 내야 할 화를 얹어서 아이에게 내는 경우도 있습니다.

이미 관계가 안 좋은데 어떡하냐고요? 배우자에게 내야 할 짜증과 화를 아이에게 돌리고 있지는 않은지 자신의 마음을 잘 관찰하는 것이 중요합니다. 내가 아이에게 화를 내더라도 그 화의 내용을 알고 있어야 통제할 수 있습니다. 내가 화가 난 원래의 대상이 누구인지를 알아차리면 애꿎은 아이에게 화를 쏟아내지 않을 수 있습니다.

부부관계는 집안의 분위기를 좌우합니다. 집은 바깥인 사회보다 훨씬 안전한 공간이기 때문에 아무리 노력하더라도 감정이 다 티가 날 수밖에 없습니다. 안 그런 척해도 밖으로 새어나가기 쉽습니다. 아이에게 좋은 영향을 주고 싶다면 부부 사이가 좋아야 한다는 걸 알지만 어려운 것이 사실입니다. 관계를 회복하려는 노력도 중요하지만, 그 과정에서 심란하게 반응하고 있는 나의 마음도 잘 관찰해 봐야 합니다. 그래야 배우자에게 서운하고 미운 감정이 아이에게로 향하는 것을 막을 수 있습니다. 부부관계에서 발생한 긴장감으로부터 아이들을 보호할 수 있습니다.

결혼한 부부들은 우스갯소리로 "속아서 결혼했다"라는 말을 하곤 합니다. 우리는 배우자에게 어떤 기대나 소망들을 품은 채 결혼을 합니다. 살면서 충족될 수도 있고 그렇지 않을 수도 있습니다. 평소 배우자에게 고마움을 느끼거나 잘 지내면서도 약간의 서운함이 느껴지는 기미라도 보이면, 상대를 벌하고 싶은 분노에 찬 감정을 느끼기도 합니다.

중요한 것은 그것은 나의 기대와 욕구에서 비롯됐다는 것을 아는 것입니다. 그리고 한 번 더 생각해 보면, 나 또한 배우자가 나에게 기대하는 걸 모두 충족시켜 주고 있지는 않다는 것을 발견할 수 있을 거예요.

제가 운영하는 부모교육에서는 게리 채프먼의 《5가지 사랑의 언어》를 읽고, 나와 배우자가 사랑을 표현하는 언어가 무엇인지를 살펴보라는 과제를 드립니다.

책을 읽은 참여자들은 서로가 사랑을 표현하는 언어가 달랐음을 알고 놀라움을 표현했습니다. 자신이 왜 그렇게 서운했는지도 이해했지만 배우자 또한 사랑받는다는 느낌을 받지 못해 자신과 비슷한 마음일 수 있겠다는 것을 발견할 수 있었고, 이것을 배우자와 나누면서 서로에게 어떤 방식으로 표현하면 좋을지를 나눌 수 있는 소중한 기회가 되었다고요. 이 책을 읽는 분들도 우리 가족 구성원 각자가 사랑받는다고 느끼는 방식이 무엇인지 한번 살펴보셨으면 합니다.

훈육은
화를 내는 것이 아니다

건강한 애착 관계 형성을 위해서는 적절한 훈육이 필요합니다. 그런데 '아이가 상처받을까 봐' 훈육을 꺼리는 경우도 있지요. 아이를 키울 때 훈육은 꼭 필요합니다. 훈육을 적절하게 활용하면, 때로 쓴소리를 하더라도 건강한 애착을 방해하지 않고 오히려 관계를 돈독히 해줍니다. 아이들은 한계 안에서 자유롭게 하고 싶은 것을 할 때 안정감을 느끼기 때문입니다.

아이가 상처받을까 봐 제대로 야단치지 못하는 부모

♥ ♥ ♥ ♥

건강한 애착 관계를 위해서는 아이를 '충분히 사랑해 줘야 한다'라고만 생각하기 쉽습니다. '충분히'를 어떻게 해석하는지가 중요한데요. 무조건적으로 무한대로 아이의 욕구를 충족해 주는 것으로 오해할 수도 있습니다. 그렇다면 부모는 매우 희생적인 육아를 할 수밖에 없습니다. 어떤 지역이 1년 내내 해만 쨍쨍 난다면 그곳은 사막으로 변해버릴 겁니다. 비도 오고, 눈도 와야 하지요. 아이를 키울 때도 마찬가지입니다. 아이는 안 되는 것도 배워야 하고, 원하는 모든 것을 다 할 수도 없다는 '한계'를 안전하게 경험할 수 있어야 합니다. 그래서 안 되는 것은 안 된다고 따끔하게 훈육을 해야 하는데, 경우에 따라 엄하게 야단칠 때도 있습니다.

아이들은 좌절과 실망감을 다루고 해결하는 법을 익힐 필요가 있습니다. 훈육을 통한 적당한 좌절 경험은 아이들이 좌절과 실망감을 해결하는 방법을 배울 수 있는 좋은 경험이 됩니다.

'아이가 상처받을까 봐' 걱정되는 마음은 이해되지만, 적당한 좌절을 통해 그것을 극복할 수 있다는 것을 배우는 것도 중요합니다. 아이를 마냥 온실 속에서 키울 수는 없습니다. 상처받는 경험이 없으면 상처에 강해지기는커녕 상처를 맞닥뜨리고 극복해 본 경험이 없어 상처에 더 취약해집니다. 하지만 제대로 된 훈육과

정당하지 않게 화를 내는 것을 혼동하여 굉장히 두려워하는 분들이 있습니다. 기상 예보에서 비 소식을 들으면, 강력한 태풍이 닥쳐 도시 곳곳이 물에 잠겨 큰 난리가 나는 정도를 떠올리는 분들인데요. 즉, 분명 야단을 쳐야 할 때도 야단을 치면 아이에게 악영향을 줄까 봐 걱정하고 불안해하는 겁니다. 그러나 적절하게 훈육하지 않으면 오히려 또 다른 갈등을 일으키는 원인이 됩니다.

아이를 훈육하기 위해 야단을 쳐야 할지, 참아야 할지 고민되는 마음은 쉽게 한쪽으로 선택하기 어렵고, 그런 상황을 겪을 때마다 괴롭습니다. 야단을 치면 아이에게 안 된다는 것을 알려줄 수 있지만, 아이 기를 죽이거나 아이와 관계가 나빠질까 봐 두렵고, 좋게만 말하니 아이가 제대로 알아듣지 못할 것 같아 괴롭습니다. 순간이라도 이런 갈등이 일어나면 감정적 소진이 크게 일어나 힘듭니다. 하나를 선택하지 못하고 이 양가감정의 갈등이 클수록 마음의 부침이 더 크게 일어나거든요. 훈육을 해야 하는 상황에서 매번 어떻게 해야 할지 망설이게 되거나 당황스러워 머릿속이 하얘진다면 내 안에 어떤 마음들이 있는지를 세세히 살펴보세요.

훈육이 어려운 심리적인 이유에는 크게 두 가지를 살펴볼 수 있습니다.

첫째, 죄책감 때문입니다.

내가 평소 아이와의 관계에서 너무 힘들거나 서운하고 미운 마음을 갖고 있었다면, 혹은 귀찮거나 짜증 나는 마음이 있었다면 그 이면에는 필연적으로 동반되는 짝을 이루는 감정이 있습니다. 바로 아이에 대한 미안함과 죄책감입니다.

내 안에 미안함과 죄책감이 많으면 필연적으로 훈육이 어려워집니다. 나의 공격성에 대한 죄의식이 있기 때문에, 아이에게 훈육한다는 명목으로 화를 낸 건 아닌가 하는 생각이 들어 고통스럽습니다. 아이에게 미안함이나 죄책감이 적다면, 일상에서 소소하게 화를 내거나 훈육하는 것에 대해 과한 죄책감을 가지지는 않습니다.

둘째, 나와 아이를 동일시하고 있기 때문입니다.

내가 어린 시절 부모로부터 경험한 화와 아이가 지금 나에게서 겪고 있는 화를 구분하지 못해서입니다. 나와 아이를 동일시하기 때문에 아이가 나와 같은 고통을 겪을 거라고 생각해서 화를 내고 나면 과도한 자책감과 수치심에 시달리기도 합니다. 부모가 화를 냈던 방식과 내가 지금 화를 내는 방식을 비교해 보세요. 만약 동일한 방식과 태도와 같은 수준으로 화를 내고 있다면 당장 바꿔야 함을 깨닫게 될 테고, 다르다는 것을 확인했다면 화를 낸 뒤에 따라오는 자책감과 수치심이 과장되어 있음을 알 수 있습니다. 그럼에도 단순히 '화'를 냈다는 것에 심한 죄책감을 느끼는 분들이 있습니다. 화를 내지 않는 것이 중요한 것이 아닙니다. 때로는 미워하기도 하고, 때로는 사랑할 줄도 알아야 합니다. 이것이 순환되면 괜찮은데 무조건 '사랑'만 있어야 좋은 것이라고 생각합니다. 싸움이나 불평불만이 없는 상태는 병든 건데도 말이죠.

부모로서 마땅히 내야 할 화도 있습니다. 우리는 아이들이 건강하게 자랄 수 있도록 관여할 수 있어야 합니다. 아이의 존재 가치를 짓밟고 무시하는 상처뿐인 화가 아니라, 아이가 바르게 자라기 위해 마땅히 가져야 하는 태도와 어긋나는 행동을 바로잡기 위한 화는 부모로서 충분히 낼 수 있습니다.

무엇이든 겉으로 보이는 행동이 중요한 것이 아니라 그 안에 담긴 의도가 더 중요합니다. 내가 화를 내는 의도가 답답한 마음을 분풀이하고자 하는 것인지, 아이를 걱정하는 마음에서 비롯된 것인지가 중요합니다. 겉으로는 웃으며 이야기했어도 그 마음속 의도가 아이를 통제하려는 제스처였다면 아이가 그것을 알아챌 것입니다. 부모의 걱정에서 비롯된 꾸중 역시 자신을 염려하는 부모의 마음이라는 것을 아이는 알아챌 수 있습니다.

뛰지 마라, 시끄럽게 하지 마라, 뭐 하지 마라, 이렇게 무언가를 제재하거나 부정하는 메시지만 지나치게 많이 쓰고 있지 않나요? 그렇다면 아이를 훈육할 때마다 죄책감을 갖게 될 수도 있습니다. 아이를 긍정하거나 허락하는 메시지와 제지하는 메시지가 균형을 이룰 수 있으면 됩니다.

오늘 하루 아이와 어떤 메시지를 주고받았는지 확인해 보세요.

긍정하거나 허락하는 메시지	부정하거나 제지하는 메시지
•	•
•	•
•	•
•	•
•	•
•	•

내가 바라던 부모
vs 아이가 원하는 부모

✛ 남편이 아이에게 정리 정돈 잔소리를 자주 해서 둘 사이의 관계를 염려한 엄마는 남편에게 제안했습니다.

"앞으로 정리 정돈 이야기는 내가 할 테니깐 당신은 하지 마. 아무말도 하지 마."

"아니, 내가 그런 말도 못해? 나는 돈 벌어다 주는 기계야, 뭐야? 좋은 말도 하고, 듣기 싫은 말도 할 수 있는 거지, 어떻게 서로 좋은 말만 주고받고 살아? 그게 가족이야? 아무 말도 안 하고 있다가 내가 스트레스 받아서 갑자기 정리 정돈으로 큰소리 내면 그게 더 아이와 관계가 안 좋아지는 것 아니겠냐고. 만약에 애가 학교폭력 당해서 괴롭고 힘든데, 우리 집은 좋은 말만 주고받아야 하는 분위기라고 생각해서 말 못하면 어쩔 건데? 당신이 책임질 거야!"

아이와의 불편한 관계를 차단하고자 제안했던 엄마는 남편의 불같은 반응에 당황스러웠습니다.

초등학교 2학년인 아들에게 생활계획표를 작성하라고 해보았더니 아이는 '먹고, 놀고, 자고'라는 큰 틀을 세워 왔습니다. 그것을 받아 든 저는 한바탕 웃어넘겼지만 사실 제 마음에 쏙 드는 계획표는 아니었습니다. '공부하는 시간'이 하나도 없었거든요. 하지만 아이 입장에서 본다면 방학에 실컷 놀고, 맛있는 거 먹고, 잘 자면 정말 행복한데 말이죠.

제가 운영하는 프로그램에서 만난 엄마들은 한결같이 좋은 엄마가 되고 싶다는 열망을 갖고 있습니다. 다시 태어난다는 각오로 프로그램에 참가하여 좋은 부모가 되어주고 싶다는 열망을 불태웠습니다. 그 마음을 자세히 들여다보면, 내 부모와는 다르게 아이를 키우겠다는 강한 다짐, 내 부모와는 다르게 좋은 부모가 되겠다는 결심이 가득했습니다. 그래서 자신이 갖지 못했던 좋은 부모가 되기 위해서 엄청난 희생을 하고 있는 분들이 많았습니다. 대표적인 것이 화를 내지 않기 위해서 참고 또 참는 것입니다. 제가 볼 때는 그렇게까지 참지 않고 적당히 짜증도 좀 내고 또 혼을 좀 내도 될 텐데, 참고 참다가 결국에는 터트리고, 또 그것에 대해 과하게 죄책감을 갖는 일이 반복되곤 했습니다. 어린 시절 자신의 부모가 화내는 걸 경험했고, 그때의 두렵고 무서웠던 경험이 너무나 고통스럽고 싫었기 때문에 '나는 절대로 아이에게 화내지 않을 거야', '나는 꼭 아이를 존중하는 엄마가 될 거야', '나는 아이를 무시하지 않고 마음을 먼저 알아주는 엄마가 될 거야', '혼내는 대신 설명해 주고, 대화하는 부모가 될 거야', '아이들을 차별하지 않고 공평하게 키울 거야'라는 결심을 했던 겁니다. 즉, 아이의 삶과 자신을 분리하지 못하고 있었습니다. 내가 바라는 부모의 모습으로, 자신에게 필요했던 부모의 역할을 지금 내 아이에게 해주려고 부단히 애씁니다. 그러다 보니 자기 자신을 억제하게 되고, 아이를 양육하면서 매 순간 전전긍긍하지요. 육아에 대한 확신이 없고, 그러다 보니 자신이 잘하고 있는지 걱정되고 불안해 늘 긴장 상태에 놓여있습니다.

아이가 원할 때
반응해 주는 부모가 좋은 부모

♥ ♥ ♥ ♥

아이를 키우는 데 있어 가장 중요한 것이 아이를 있는 그대로 보는 것입니다. 다른 말로 하면 미래에 '혹시 그렇게 될까 봐', '혹시나 그렇게 되지 않을까 봐'가 아니라, 현재에 반응하는 게 무엇보다 중요합니다. 눈앞에 있는 아이가 하는 이야기를 듣고,

그 말에 반응하고, 아이의 욕구를 알아봐 주고, 아이의 행동에 대해 반응하면 됩니다. 하지만 내가 되어야만 하는 부모 역할에 갇혀 있으면, 현재에 반응하는 태도를 잃어버리게 됩니다. 과거 자신이 경험했던 불안과 두려움 때문에 현재 있는 그대로의 아이를 보지 못하니, 마음이 더 고단해지고 부작용이 발생하기도 합니다. 자신이 좋은 부모가 되지 못할까 걱정하면서 자기 삶에 필요했던 부모 역할을 해주려고 노력합니다. 옆에서 아이를 살뜰히 보살피면서, 공부하는 것도 봐주고 싶고, 성심껏 놀아도 주고 싶고, 아이와 대화도 많이 나누고, 몸에 좋은 음식도 직접 만들어 주고, 여기저기 놀러도 많이 다니고 싶고, 다양한 경험을 아이가 할 수 있도록 지원해 주고 싶지만, 이것은 내가 필요했던 부모일 뿐입니다. 내 부모와는 다르게 아이를 잘 키워보려고 즉, 아이를 통해 자신의 어린 시절을 다시 회복하기 위해서 자신에게 필요했던 부모상이 되기 위해 부단히 애씁니다. 그렇게 하지 않으면 자신이 겪었던 고통스러운 경험을 아이가 그대로 느낄까 봐 두려우니까요.

그래서 자신이 설정한 부모의 역할 틀 안에서 내가 어떻게 행동해야 하는지를 끊임없이 살핍니다. 그런데 이렇게 하면 할수록 아이와의 관계는 점점 더 내가 원하던 모습과 멀어지게 됩니다. 왜냐하면 세상 모든 일이 계획하고 대비할 수 없는 게 기본값인데, 혼자서 그걸 하나하나 다 통제하려다 보니 부모 마음 안에 여유가 점점 없어지고, 여유가 없다 보니 아이가 현재 어떻게 하고 있는지는 보이지 않거든요. 그래서 그렇게 애쓰고 노력하는데도 내가 원하는 모습과 멀어지고 불안과 두려움이 더 커지는 겁니다.

내가 되어야 한다고 생각하는 부모의 역할에 충실하면 할수록 아이에게도 내가 원하는 행동을 바라게 됩니다. 내가 바라는 대로 아이가 하지 않으면, 아이는 '나를 좌절시키는 아이'가 되고, 나는 '형편없는 부모'가 되어버립니다. 그렇게 되면 어떤 아이는 또 부모의 불안을 달래주기 위해 희생하는 아이의 역할을 떠맡게 됩니다.

좋은 부모가 되는 것은 생각보다 어렵지 않습니다. 아이가 원하는 부모가 되어주면 됩니다. 나에게 필요했던 부모가 아니라, 지금 내 아이가 원하는 부모가 되어주면 그게 좋은 부모입니다. 아이에게 어떤 부모를 원하냐고 물어보세요. '내가 먹고 싶은 음식을 해주는 엄마', '나랑 놀아주는 아빠', '게임 할 때 뭐라고 안 하는 엄마', '주말에 실컷 놀게 해주는 아빠' 등 아이가 원하는 부모의 역할을 해주면 금방 좋은 부모가 될 수 있습니다. 아이들은 부모가 생각하는 유능한 역할을 잘 해내는 것보다는 자신의 이야기에 더 귀 기울여주고 자신의 미성숙함을 보듬어주는 따뜻한 부모를 더 원합니다. 방금 아이가 들어와 "엄마 보드게임 한판 해요"라고 합니다. 그럼 보드게임을 하며 즐겁게 놀아주면 좋은 부모입니다.

그리고 상호작용의 주도권을 누가 쥐고 있나 살펴보세요. 부모 주도로 아이를 위해 주말에 신나는 놀거리를 만들어 주려는 계획을 세울 때는 굉장히 적극적이다가, 막상 집에서 아이가 같이 놀자고 하면 부담스러워하는 경우가 있습니다. 부모 주도로 상호작용하는 것에는 익숙한데 아이가 주도적으로 상호작용을 요구하는 상황에서는 불편해하는 것이지요. 부모가 들을 준비가 됐을 때 아이의 말을 들어주는 게 아니라, 아이가 말하고 싶을 때 들어주고 반응해 줄 수 있어야 합니다. 부모가 친밀감이 필요할 때만 다가가기보다 아이들이 필요로 할 때 다가올 수 있도록 허용해 주어야 합니다. 물론 때때로 부모가 준비되어 있지 않을 때 아이들이 다가오면 부모는 성가시게 느껴져 짜증이 날 때도 있습니다. 이때를 대비해 부모는 평소 자신의 마음이 어떤지를 알아차리는 연습이 되어 있어야 합니다. 무엇보다 마음의 여유를 가지고 있어야 하지요.

처음에는 당연히 내가 되어주고 싶은 부모상을 그리고, 그에 맞는 역할과 책임을 해나갑니다. 많은 부모들이 유능한 부모가 되길 원합니다. 하지만 아이들이 원하는 좋은 부모는 유능한 부모가 아닙니다. 좋은 부모의 기준은 주관적입니다. 모든 아이가 만족할 만한 부모 혹은 모든 사람에게 인정받는 부모 역할을 해야만 좋은 부모는 아닙니다. 내 아이에게 좋은 부모이면 좋은 부모입니다. 내가 되어야만 한다고 생각했던 부모와 아이가 원하는 부모를 한번 비교해 보세요.

1. 내가 되어야만 한다고 생각했던 엄마(아빠)의 모습 세 가지를 써보세요.

- _____
- _____
- _____

2. 아이가 원하는 엄마(아빠)의 모습 세 가지를 써보세요. 아이에게 직접 물어보고 쓰세요.

- _____
- _____
- _____

아이가 원하는 부모의 모습을 어떻게 실천할 수 있을지를 고민해 보세요. 아이가 원하는 대로 실컷 TV를 볼 수 있게 해달라는데 어떡하냐고요? TV를 온종일 볼 수는 없지요. TV를 보는 일정한 시간을 마련해주는 것이 필요하고, 약속된 그 시간에는 절대 잔소리를 하지 않으면 됩니다.

Chapter 4

아이가 보내는 신호에
적절하게 반응하는 방법

미리 걱정하는 대신
아이의 현재성에 반응하라

+ 식당에서 밥을 먹고 지루했던 민지는 밖으로 나가다가 넘어져 무릎이 살짝 까졌습니다. 아파서 얼굴을 찡그리고 피가 살짝 난 무릎을 매만질 뿐 엄마에게 말하지는 못합니다. 왜냐하면 엄마에게 식당에서 뛰어다니지 말라는 주의를 받았거든요. 다친 걸 말하면 엄마 말을 듣지 않아서 다쳤다는 말을 들을 게 뻔했거든요.

아빠가 근처 편의점에 들러 반창고를 하나 사서 붙여주려는데, 엄마가 손을 휘저으면서 말립니다.

"이 정도는 아무것도 아니에요. 그만한 상처에 괜히 밴드 사서 붙여주고 하면 엄살만 늘어요. 일부러 엄마 아빠가 아무것도 아닌 척 반응해야 애도 강하게 잘 자라요~."

엄마는 아이가 강하게 자랐으면 하는 마음이 컸습니다.

부모들은 아이가 나약해지거나 잘못될까 봐 혹은 아이가 오해 받거나 나쁜 이미지로 보여 괜히 유별나다는 소리를 듣게 될까 봐 걱정을 합니다. '뭔가 잘못 될까 봐', '아이들이 잘못 클까 봐' 또는 '내가 잘못 키워 아이들이 상처 입을까 봐' 등 부모의 마음속에는 별별 걱정과 염려가 차고 넘칩니다. 아이가 좋아하는 장난감을 선뜻 사주고 돌아서서는 아이가 경제 관념을 제대로 키우지 못할까 봐 걱정되는 마음에 괜히 아이에게 '이번뿐이야'라고 다짐을 받아내기도 하고, 인사성이 밝지 않으면 예의 없는 사람으로 보일까 싶어 인사 잘하라며 잔소리를 하지요. 늘 그런 게 아니라 어쩌다 한 번 그런 것도 그냥 넘기지 못합니다. 그러나 부모가 아이에게 할 수 있는 가장 적절한 반응은 '내 기대대로 아이가 자라지 않으면 어쩌지?'라는 걱정과 염려에 반응하는 게 아니라 아이가 지금 현재 보이는 모습에 반응하는 겁니다.

혹시나 하는 마음으로
아이를 힘들게 하지 말자

♥ ♥ ♥ ♥

제 아이도 낯가림이 있는 편이고, 저 또한 그렇습니다. 저는 지금 살고 있는 동네로 이사 왔을 때 엘리베이터에서 만나는 낯선 주민들에게 인사를 하는 것이 편치만은 않았습니다. 때때로 고개만 살짝 숙이기도 하고, 소리 내 "안녕하세요" 말하기도 하고, 아이 앞에서는 아이 앞이라서 더 적극적으로 하려고 노력했을 뿐이지, 저도 내향적인 편이라 싹싹하게 다가가는게 어색합니다. 아이가 어렸을 때는 저도 엘리베이터를 타기 전에 "인사하는 거야"라고 말하고, 혹은 내리고 나서 "다음에는 인사하자"라는 안내를 했는데, 아이가 학교에 가고부터는 그것도 스트레스가 될 것 같아서 하지 않았습니다. 어차피 인사를 해야 한다는 것은 아이도 잘 알고 있을 테니까요. '저도 준비가 되면 알아서 하겠지'라는 마음으로 그냥 관심을 거두었던 것 같습니다. 이것도 실은 인사 안 하는 아이로 인해 나와 내 아이가 어떻게 보일까 하는 염려가 줄어들었기 때문에 가능했던 일입니다. 그러다 어느 시점부터 아이가 혼자서 인사를 하고 다니는 모습을 목격할 수 있었습니다. 얼마 전에는 동네 마트에 갔다가 점원이 '예의 바르고 인사를 참 잘하는 아이'라며 저에게 따로 칭찬을 하는 일도 있었습니다. 아이를 통제하려는 마음을 내려놓고 나서야 오히려 원하던 변화가 일어난 셈입니다. 아이가 미래에 '어떻게 될까 봐' 혹은 '어떻게 되지 않을까 봐'의 걱정에 우리가 얼마나 매여 있는지를 알아야 합니다.

　나의 걱정에서 출발한 아이를 향한 나의 반응은 아이를 통제하려는 의도가 다분하기에, 아이 입장에서는 더 받아들이기 불편합니다. 아이의 현재성을 전혀 인정하거나 수용하지 않고, 부모 마음 안에서 일어나는, 실재하지 않는 미래에 근거해서 하는 반응이기 때문에 아이로서는 의아하고 잘 와닿지 않을 수밖에 없거든요.

아이에 대해 정말 염려하는 상황이나 증상이 지금 내 눈 앞에 펼쳐진다면 조치를 하면 됩니다. 하지만 많은 부모들이 마치 지금 당장 그런 일이 벌어질 것처럼 불안해합니다. 그 불안은 아이 것 이라기보다는 부모 자신의 것인 경우가 많습니다.

아이도 자라면서 다퉈도 보고, 갈등도 겪고, 밉상도 한번 보여 야 합니다. 그 경험 안에서 스스로 느끼고 깨닫는 게 있을 거예요. '이렇게 하니 친구가 싫어하고, 싸우게 되네', '이렇게 행동하니 까 선생님한테 혼나는구나'를 느껴야 부모가 해주는 조언도 귀담 아듣게 됩니다. 인사 잘한다고 다른 어른한테 칭찬받으면, 인사에 대한 강화가 이루어집니다.

내 아이가 모든 사람에게 환영받는 아이가 되길 바라지만, 그 런 사람은 세상에 없습니다.

헬리콥터 부모, 혹은 타이거 부모라는 말이 유행이었던 적이 있습니다. 아이 주변을 맴돌며 일일이 아이의 일거수일투족을 신 경 쓰며 돌봐주는 부모를 일컫는데요. 언제까지나 그렇게 하는 것 은 불가능하고, 또 그것이 아이에게 더 안 좋은 영향을 미친다는 것은 다 알고 계실 거예요. 부모의 목표는 아이가 스스로 독립해 건강하게 자기 삶을 살 수 있도록 지원하는 것이지 평생 곁에서 돌봐주는 것이 되어서는 안 됩니다.

아이가 보이는 현재성에 반응하기 위해
명심해야 할 두 가지

♥ ♥ ♥ ♥

첫째, 아이를 먼저 관찰한 뒤 나를 관찰하고 반응하세요.

문제 상황에만 주의를 두지 말고 아이의 평상시 모습도 유심히 관찰해 보고, 그 모습을 내 안에 담아두세요. 그래야 전체적인 맥락 안에서 내가 어떻게 반응해야 할지 방향을 찾을 수 있습니다.

부모들이 하는 행동과 판단의 대부분이 그저 자신의 머릿속에서 일어나는 일종의 자동 반응임을 깨닫고 나면, 비로소 아이에게 하던 불필요한 반응들을 멈추게 됩니다. 그래야 아직 오지 않은 미래에 대한 덧없는 걱정과 고민으로 아이의 현재성을 놓치지 않을 수 있습니다.

실수하지 않고 시행착오를 겪지 않는 안전하다고 택한 그 길이 오히려 아이에게 위험한 길이 되기도 합니다. 아이들은 실수를 통해서 자신의 약점을 발견하고, 어떤 점을 보강해야 하는지 스스로 깨우치니까요.

둘째, 부모가 아니라 아이가 겪고 있는 고통에 반응하세요.

부모가 보기에는 별거 아닌 상황일 수 있습니다. 하지만 아이 마음속에서는 겉으로 보이는 아이의 반응과 강도, 그 크기에 비례한 만큼 고통을 겪고 있습니다. 그 고통을 무시하지 않고 알아봐 주고 잘 견뎌내는 방법을 함께 찾아봐 주는 게 필요합니다. 아이가 되바라지거나 성격이 나쁜 게 아니라 아직은 그런 충동이나 좌절을 감당하기가 버거워서 그런 거니까요. 부모인 우리는 아이의 그런 고통을 알아줘야 합니다.

부모가 겪을 수치심이나 불안을 방어하는 반응이 아니라, 아이가 겪고 있는 현재의 고통을 이해하고 반응해 줄 때 아이는 자신을 객관화해서 볼 수 있게 되고, 건강하게 성장합니다.

아이가 자꾸 변해서 힘들다고 토로하는 부모들도 있습니다. "아이가 어렸을 때는 안 그랬어요, 네 살이 되니 떼가 늘고 고집이 세졌어요", "순하기만 했던 애였는데 사춘기가 되니 완전 다른 애가 됐어요", "나는 늘 똑같이 애들한테 잘하려고 애써왔는데, 애가 변해서 너무 힘들어요"

아이가 변하는 건 당연합니다. 계속해서 성장하니까요. 변하지 않는다면 그게 이상하고 문제가 있는 겁니다. 그러니 아이가 어렸을 때부터 한결같이 행동했다는 부모의 말은 한참 잘못된 것이지요. 아이가 성장함에 따라 부모도 성장하고 달라져야 합니다. 아이가 변화하면서 보이는 현재성에 부모도 자신의 반응을 조율할 수 있어야 합니다.

check point

여러 번 좋은 말로 했는데도 아이가 대답하지 않고, "엄마 말 안 들리냐고" 다그치면 그제야 못 들었다고 대답하는 아이 때문에 답답하고 화가 치민다는 하소연을 자주 듣습니다.

'지나가는 사람 열 명을 붙잡고 물어봐도 똑같이 다' 아이가 엄마 말을 들었는데도 불구하고 대답하지 않거나 못 들었다고 하는 상황이 명백하다면, 다음의 이유를 생각해 볼 수 있습니다.

'엄마 말을 무시하는 게 아니라' 아이가 "싫다"라는 자기표현을 하기 어려운 상황에 놓여있다는 것을 뜻합니다. 아이는 하기 싫은데, 엄마는 그것을 하라고 요구하고, 아이는 그것에 대해 '싫다'고 거부할 수 없는 상황에 있기 때문에 자신의 속마음을 표현하기 어렵다는 뜻입니다. 혹은 싫긴 한데 엄마가 하라고 하니 해야 할 것 같고, 이러지도 못하고 저러지도 못하는 내적갈등 속에 있는 경우입니다.

대답을 하지 않는 것은 부모 입장에서 보면 '저항'과 '반항'으로 여겨지지만, 아이 입장에서는 '자기보호'일 수 있습니다.

아이의 상황에 대한 고려 없이 내가 한 말에 대해 아이의 태도만 평가하고 있지는 않은지 살펴보세요.

민감하게 알아차리고 적절하게
반응하지 못했을 때 대처법

+ 지난날을 돌아보면 아이에게 참 미안하고 후회되는 일들이 문득문득
떠오릅니다.

'그때 그렇게 화를 내는 게 아니었는데.'

'그때 아이를 그렇게 몰아세우는 게 아니었는데.'

'그때 그렇게 말하지 말았어야 했는데.'

그러다 이런 생각도 올라옵니다.

'에이, 이미 다 지나간 걸 어떡하겠어.'

'내가 이래 생겨 먹은 걸 어쩌겠어. 이것도 지 복이지.'

'아빠는 나를 때렸지만 그래도 나는 그렇지는 않잖아.'

후회로 시작해 자기 비난으로 이어지는가 하면, 후회로 시작해 자기합리화로 끝나는 경우도 있습니다. 우리에게 한정된 에너지를 자기 비난이나 자기합리화가 아닌, 아이와의 관계를 개선하는 데 사용해 보세요.

이번 생에 우리는 부모로서 역할을 처음 해봅니다. 처음이니 당연히 서툴고 실수투성이입니다. 부족할 수밖에 없죠. 그래서 안정 애착이니 불안정 애착이니 하는 말에 신경이 쓰이고, 내 아이가 안정 애착인지, 불안정 애착인지 궁금해지기도 하고요.

부모교육이나 자녀교육서에 나오는 그대로 처음부터 말하고 행동하는 사람은 아마도 거의 없을 겁니다. 단지 그렇게 하려고 노력할 뿐이지요.

하버드대에서 교편을 잡고 있으면서 영유아 발달에 관한 주요 연구를 한 에드 트로닉Ed Tronick은 다음과 같은 흥미로운 연구를 했습니다. 안정 애착을 가진 아이의 부모가 얼마나 아이와 잘 조율하느냐를 알아봤는데요. 부모가 아이의 마음을 정확하게 알아차려서 적절하게 반응하는 경우와 그렇지 못하는 경우의 비율을 조사해 보니, 그 비율이 30퍼센트 대 70퍼센트라고 합니다.

아이의 마음을 바로 알아차리지 못하는 경우가 70퍼센트랍니다. 아이가 건강한 애착 관계를 맺을 수 있도록 좋은 환경을 마련해준 부모도 처음부터 아이의 마음을 알아차리고 적절한 반응을 하는 게 아니라, 처음에는 서툰 경우가 더 많다는 뜻입니다. 아이의 마음을 30퍼센트밖에 알아차리지 못한 부모가 어떻게 안정적인 애착을 형성하는 걸까요?

안정 애착과 불안정 애착의
차이를 만드는 부모의 태도

♥ ♥ ♥ ♥

아이와 안정 애착 관계를 맺는 부모는 좀 더 특별한 태도를 갖고 있었습니다. 바로 자신이 무엇을 놓치고 잘못했는지를 알아차리고 다르게 반응하려는 시도를 적극적으로 한다는 겁니다. 관계에서 갈등은 불가피하기 때문에 그것을 알아차렸을 때 다시 회복하려는 행동을 적극적으로 하는 거지요.

모르면 어쩔 수 없습니다. 평생 다르게 할 방도가 없겠지요. 모르니까요. 하지만 뒤늦게라도 알아차렸다면 그것을 회복하려는 노력을 해야 합니다. 그리고 그 노력은 부모에게서 출발해야 합니다.

"나는 원래 이런 걸 어떡하겠어."

"나는 이렇게 살아왔으니 나 같은 부모를 만난 건 네 복이다. 네가 이해해라."

"나는 원래 이렇게 해왔으니까 네가 인정하고 받아들이렴."

즉, 부모는 바뀔 마음이 없으니 아이에게 받아들이라는 것인데요. 아이는 부모를 선택할 수 없기 때문에 주어진 환경에 적응할 수밖에 없습니다. 그런 아이에게 "네가 나한테 맞춰라"고만 한다면 아이는 절망감을 느낄 수밖에 없습니다. 부모가 맞춰야 할 것은 전과 다르게 행동하려는 자세, 회복하려고 노력하는 태도입니다. 이것이 아이의 안정 애착과 불안정 애착을 구분하는 중요한 차이점입니다. 부모가 자신이 잘못한 것을 인정하고 다르게 행동하고 노력하는 태도를 보이면, 아이들은 관계가 틀어져도 다시 회복될 수 있다는 걸 경험을 통해 알 수 있게 됩니다. 또한 친구에게 마음이 상했어도 싸우면 관계가 영영 끝나버릴까 봐 걱정돼 '좋은 게 좋은 거지' 하는 마음으로 무작정 참으려고 하지 않고, 또 싸우더라도 관계가 끝나는 게 아니라 '회복'이 가능하다고 믿기 때문에 자신의 마음을 표현하는 것을 두려워하지 않게 됩니다.

"내가 원래 이런 걸 어떡하겠어"라는 태도 대신에 "나도 노력할게, 안 좋다는 걸 아니까. 하지만 쉽지는 않을 것 같아. 너도 도와줘"라고 해보세요. 미안함과 죄책감으로 에너지를 낭비하지 말고 자기합리화로 에너지를 낭비하지 말고, 관계를 개선하는 데 에너지를 사용하세요. 관계를 회복하는 3단계 실천법을 소개합니다.

후회 대신 관계를 개선하는 3단계 실천법

♥ ♥ ♥ ♥

1단계, 잘못했다는 것을 알아차렸다면 바로 사과하세요.

늦은 때란 없습니다. 잘못했다는 걸 알아차렸다면 바로 사과하세요. 좋은 분위기가 될 때까지 기다릴 것도 없습니다. 빠르면 빠를수록 좋습니다. 하지만 아이와의 불편한 분위기를 감당해야 하는 것이 싫어서 마음에도 없는 섣부른 사과를 하는 것은 금물입니다.

2단계, 당시 아이의 마음이 어땠을지를 표현해 주세요.

아이에게 사과할 때는 "미안하다", "사과할게", "용서해줘" 이런 말만 하는 게 아니라 구체적인 상황(행동)에 대해 언급하고 아이의 마음이 어땠을지 표현해 주세요. '미안하다'라는 단어가 중요한 건 아닙니다.

"아까 엄마가 ○○했을 때, 많이 억울했겠다. 섭섭했겠다."

자신의 마음을 알아주는 부모의 표현을 들으면 아이는 이해받았다고 느낍니다. 아이의 감정을 알아주는 것을 통해 부모의 진심을 표현해 보세요.

3단계, 재발방지 행동수칙을 정해보세요.

약속이 얼마나 지키기 어려운지 우리는 이미 잘 알고 있습니다. 그리고 수십 년에 걸쳐 체득된 습관이 한순간에 변하기 어려운 것 또한 자연스러운 일이고요. "다시는 그러지 않겠다"는 말보다는 구체적으로 어떻게 다르게 할 것인지 행동수칙을 정해보세요. 그 과정에서 아이에게 도움이 필요하다면 함께 요청해 보세요.

"어젯밤에 너는 책상을 정리하고 있었던 건데 빨리 안 잔다고 야단만 쳐서 서운했지? 엄마는 네가 잠을 충분히 잤으면 해서 그랬는데 무턱대고 화만 내는 것 같았을 거야. 어제처럼 시간이 늦었는데 정리도 해야 할 땐 어떻게 하는 게 좋을까? 엄마는 우선 색종이 조각처럼 날리는 것만 치우고 잠을 먼저 자는 게 좋을 것 같은데, 또 다른 방법이 있니? 같이 생각해 볼까?"

아이와의 안정적인 애착을 형성하고 싶다면 완벽한 부모가 되겠다는 다짐이나 완벽하지 못한 부모임을 자책하기보다, 자신이 무엇을 놓치고 잘못했는지를 살펴보세요. 미안함과 죄책감으로 에너지를 낭비하지 말고 관계를 복구하는 데 에너지를 사용하세요.

처음부터 잘하는 사람은 없습니다. 이 책을 읽고 계신 분들은 모두 아이와 안정적인 애착을 형성하고, 좋은 부모가 되고자 노력하고 계신 분입니다. 저 또한 그렇습니다. 아이에게 잘못했거나, 화를 내거나 어른답게 행동하지 못했다고 후회하고 자책하지 말고 그 뒷수습을 어떻게 할 것인지를 명확히 마련해 두세요. 그러면 죄의식으로 인한 감정적 소진에 빠지지 않고 관계 회복을 위한 행동을 할 수 있게 됩니다.

check point

Q "다시는 화 안 낼게"라고 아이 앞에서 여러 번 약속을 했는데도 그 약속을 지키지 못하고 있어요. 아이에게 거짓말하는 부모, 약속을 지키지 못하는 부모가 되고 있다는 생각에 너무 괴롭습니다.

A 화를 내지 않는 것은 불가능할 뿐만 아니라, 살면서 화를 내지 않을 수도 없습니다. 화를 안 내겠다는 지키지 못할 약속보다는 구체적인 행동에 대한 약속을 해야 합니다. "화가 나도 물건을 던지지는 않겠다"처럼요. 화가 날 때 어떻게 다르게 하면 좋을지를 충분히 살펴볼 필요도 있습니다. 화나는 마음은 그대로인데 그 태도만 억압하려고 하면 결국에는 약속을 지키기 어렵게 되거든요.

아이의 자율성을 키우기 위해
부모가 결정할 것

✛ "열 살, 여덟 살 두 아이의 등교 준비로 아침마다 전쟁이 따로 없습니다. 아침에 아이들의 옷을 꺼내주고, 준비물을 챙겨 책가방까지 챙기지 않으면 안 돼요. 야단을 쳐도 그때뿐이네요. 일어나는 것부터 아침 먹고 양치하고 세수하고 옷 입는 것까지 제가 나서서 해주지 않으면 착착 진행이 안 돼요. 가만히 두면 스스로 할 생각을 안 하니까 제가 다 챙겨줘야 해요. 안 그러면 지각하는걸요."

✛ "일어나라, 책가방 챙겨라, 준비물은 다 챙겼어?", "양치하고 세수하고 옷 입어야지", "엄마한테 학교 다녀오겠습니다, 인사해야지" 등으로 아이가 해야 할 일들을 순서대로 지시하던 엄마는 어느 날 그것을 그만두

없습니다. 내심 걱정이 되었지만 기상은 아이와 함께 고른 알람 시계에 일임하고, 나머지는 모른 척 관찰만 했습니다. 간혹 방과 후 수업에 필요한 재료 가방을 두고 나설 때는 현관문 앞에서 "자, 뭐 빠트린 거 없는지 한 번 살펴볼까?" 정도만 운을 뗐습니다.

"아이 일에 관여하지 않았더니, 아이가 알아서 스스로 챙기더라고요."

안정 애착은 아이가 갖고 있는 어려움을 부모에게 건강하게 의지하는 것에서 출발합니다. 아이가 성장하는데도 자율성을 인정하지 않고 계속해서 의존하도록 하는 것은 아이를 존중하기보다는 부모가 원하는 대로 통제하려는 의도가 담겨 있을 수 있습니다. 아이의 자율성을 인정하는 것은 부모와 자녀 사이의 건강한 관계를 유지하는 데 중요합니다.

아이의 시행착오를 허하라

♥ ♥ ♥ ♥

우리 속담에 "목마른 사람이 우물 판다"는 말이 있지요. 급한 사람이 그 일을 서둘러 하게 돼 있다는 뜻입니다. 아이들보다 부모가 마음이 더 급하면, 아이가 해야 할 일들을 부모가 미리 다 해버려서 정작 아이들은 그것을 할 기회가 없어집니다.

아이들은 경험으로 배웁니다. 말로 배우지 않습니다. 부모의 조급함과 불안으로 직접 배울 기회가 없다가, 어느 날 갑자기 이런 말을 듣게 됩니다.

"열 살이나 되었는데, 이것도 혼자 못해!"

목욕도 아이가 하는 게 마음에 안 들어 다 해주다가, 어느 날 내가 무척 힘들게 느껴질 때 "아홉 살이나 됐는데 왜 못하니. 언제까지 엄마가 해줘야 하니!"라고 화를 냅니다.

아이의 자율성 키우기는 학령기 아이들의 최대 과제가 되어야 합니다.

공부보다 더 중요한 것이 바로 자율성입니다. 스스로 하는 힘, 자율성을 키우지 못하면 대학이나 직장에 가서도, 심지어 결혼해서도 '엄마'를 찾게 될지도 모르니까요. (실제로 요즘에는 부모가 대학 수강 신청이나 성적 문의를 하고, 직장에 자녀 대신 부모가 연락해 '아파서 휴가를 내야겠다'고 하는 경우가 적지 않다는 이야기를 심심찮게 듣습니다)

아이들이 시행착오 없이 단번에 배운다고 기대하지 마세요. 시행착오를 겪으며 조금씩 나아지는 것이 정상입니다. 한 번 잘했다고 계속 잘하는 것도 아니고요.

깜빡하고 준비물 한두 번 두고 가면, 수업시간에 짝꿍이나 선생님에게 준비물을 빌려 쓰는 경험을 통해서 다음에는 더 잘 챙겨야겠다는 것을 배울 수 있어요. 늦잠 자서 지각하게 되면, 교실에 들어가는 순간 선생님과 반 친구들의 이목이 집중돼 부끄럽고 민망할 거예요. 다음에는 좀 더 일찍 일어나야겠다고 깨닫겠지요.

아이들은 다른 사람과 비교되고 사회화되어 가는 과정을 거치기에, 부모가 챙기고 말하지 않아도 어떻게 해야 하는지, 사회에서 수용되는 더 나은 행동이 무엇인지도 이미 알고 있습니다.

모든 것이 충족되는 편안한 환경은 건강한 환경이 아닙니다. 코이라는 물고기가 어항에서 자라면 5~8센티미터밖에 못 자라지만 호수에서 자라면 90~120센티미터까지 자란다고 합니다. 이처럼 무엇이든 충족되는 편안한 환경, 즉 부모가 다 해주는 환경에서 자란 아이들은 스스로 할 수 있는 힘을 갖고 있음에도, 그것을 경험해보지 못했기 때문에 연습하고 익혀 다질 힘이 없습니다. 어른이 되면 사회에서는 커져버린 몸집만큼의 자율성을 기대하는데, 이런 과정을 거치지 않으면 스스로 할 수 있는 게 없죠. 스스로 계획하고 준비하고 실행하는 힘은 거창하지 않습니다. 작은 생활 습관에서 출발하면 됩니다.

혹시 부모인 내가 지금 아이의 자율성을 획득할 경험을 뺏고 있나요? 아이 발달단계에서 충분히 할 수 있는 일인데도 불구하고 아이 대신 내가 해주고 있는 것은 무엇인지, 그리고 그것을 해주는 이유를 한번 살펴보세요.

대신 해주지 않고 기다리기

♥ ♥ ♥ ♥

아이의 자율성을 키우기 위해 필요한 것은 부모 마음에 들지 않게 행동하는 아이의 부족함과 문제를 단번에 해결하고 싶은 부모 자신의 조급함을 견뎌내는 내면의 힘입니다. 아이에게는 아직 미숙한 자신을 견디며 지켜볼 수 있는 부모가 필요합니다.

아이에게 하지 말라고 혹은 하라고 하는 대신 내가 무엇을 하지 않을 것인지를 결정해 보세요. 그것을 선언하고 난 후 스스로를 관찰해 보세요.

예1) 옷 뒤집어서 벗지 말라고 했지.

⋯ 옷 뒤집어서 벗어놓으면 엄마는 그대로 둘 거야.

예2) 네 가방은 스스로 챙기는 거야.

⋯ 아이 준비물을 내가 챙겨주지 않겠어.

예3) 이제 목욕은 혼자 하는 거야.

⋯ 샴푸는 제대로 씻어냈는지 걱정되지만, 관여하지 않겠어.

생각보다 지키기 어려울 수 있습니다. 그 순간순간을 한번 견뎌보세요. 내가 어떤 것, 어느 부분을 특히 어려워하는지를 발견할 수 있습니다. 물론 스스로 하기 어려운 부분도 있습니다. 대표적으로 '학습'이지요. 누가 공부하는 걸 좋아하겠어요? 그럴 때는

'프리맥의 원리'를 적용해 보셔도 좋습니다.

프리맥의 원리란 아이가 좋아해서 스스로 찾아서 하는 빈도가 높은 활동과 스스로 찾아서 하기 어려운 활동을 짝을 이뤄 빈도가 낮은 활동을 촉진시키는 건데요. 예를 들면 이런 거죠.

"오늘 학습지 분량을 다 끝내고 나면, 네가 좋아하는 영상 한 편 보자."

이때는 아이가 자기 자신에 대한 가치나 능력을 믿고, 자랑스럽게 여기는 마음을 가질 수 있도록 부모가 원했던 그 행동을 하는 순간순간을 포착해 알아봐 주고 폭풍 칭찬해 주는 것이 필요합니다.

저도 '아이가 학습지부터 하고 노는 습관을 가지도록 하기 위해서' 처음 제 아이에게 학습지를 하고 나서 약속된 영상을 보도록 규칙을 정했을 때, 아이는 거실 바닥을 뒹굴며 "왜 그래야 하는데!"라며 얼마나 항의했는지 모릅니다. 억울하고 원통하고, 그래서 더 하기 싫다는 마음을 온몸으로 표현했습니다. 학습지를 하면서도 씩씩대는 모습에 당연한 저항이라고 여겼습니다. 20분도 안 걸리는 학습지 공부를 마지못해 하다 보니 시간도 더 오래 걸렸습니다. 여러 날을 그러고 나서도 학습지를 하고 나면 그래도 폭풍 칭찬을 했고, 약속한 영상을 볼 수 있도록 했습니다. 맛있는 간식을 먹으며 보는 만화는 아이에게 완전한 휴식을 주는 것처럼 보였습니다. 정말 즐거워했거든요. 지금은 제가 말 한마디 하지 않아도 학교 갔다 오면 스스로 학습지를 합니다. 여전히 씩씩대며 억지로 하는 것이 아니라 즐겁게 합니다. 이것만 끝나면 자신이 좋아하는 만화를 볼 수 있으니까요. 지금은 그냥 습관이 되어 어떤 날은 학습지를 하고도 다른 재미난 놀이가 있으면 그걸 한다고 영상을 보지 않기도 합니다.

요즘 부모님들은 대부분 아이들에게 과하게 잘해주곤 합니다. 죄의식에 기반한 양육을 하는 경우가 많습니다. 아이가 해야 할 일도 부모가 대신 처리해 줍니다. '더 못 해줘서 미안하다'라고 죄의식에 기반한 양육을 하면 아이가 건강하게 자랄 수 없습니다. 자신이 원하지 않는 결과를 마주했을 때, 아이는 오히려 전부 부모 탓이라 억울해합니다. 아이를 비롯해 우리 모두에게는 자신이 선택하지 않은 것에 대해서는 책임지고 싶지 않은 마음이 있기 때문입니다.

내가 해야 할 것과 하지 말아야 할 것을 구분해 범위를 정해보세요.
'아이가 할 수 있는 것과 없는 것'을 찾아 써보세요. 그중 '내가 개입해
야 하는 것과 하지 말아야 하는 것'은 무엇인가요? 목록을 보고 내가
개입하지 말아야 하는 것을 체크해 보세요. 그리고 그것이 잘 되지 않
더라도 하루에 한 번씩은 "그럴 수도 있지"라고 말해주세요. 처음부터
잘 되지 않는 것이 기본값이니까요.

아이가 할 수 있는 것 / 아이가 할 수 없는 것

    예1) 목욕을 혼자 할 수 있다. / 몸 구석구석 꼼꼼하게 비누칠을 하지는
    못 한다.

- _____
- _____
- _____
- _____

    예2) 가방을 스스로 챙긴다. / 가방 안에 예쁘게 차곡차곡 정리하면서
    챙기지는 못 한다. 내용물이 엉망이다.

- _____
- _____
- _____
- _____

부모인 내가 개입할 수 있는 것 / 개입하지 말아야 할 것

예1) 목욕하기 전에 목 주변, 귀, 겨드랑이에도 비누칠을 하라고 말해준다. / 직접 목욕을 시켜주지 않는다.

- _____
- _____
- _____

예2) 아이가 가방을 챙길 때 작은 소품은 앞주머니에 넣으면 찾기 쉽다고 말해준다. / 가방을 챙겨주지 않는다.

- _____
- _____
- _____

내가 개입하지 않기로 한 것에 대해 어떤 마음이 드는지 관찰해 보세요. 무엇이 불안하고 걱정되는지, 그것을 견뎌내는 힘이 어느 정도인지를 알고 있는 게 중요합니다.

그래야 '아이는 미숙할 수밖에 없는데, 그것을 지켜보고 견뎌내는 힘이 내가 이 정도라서 가만히 지켜보는 게 힘들구나'라고 반응할 수 있게 됩니다. 아이에게 서운하고 미운 마음이 들어 잔소리나 화를 내게 되고, 죄의식이 생기고, 미안한 마음에 훈육해야 할 때 제대로 훈육하지 못하는 악순환의 고리에서 벗어날 수 있게 됩니다.

아이의 자기조절력을 키워주려면
적절한 환경을 만들어라

+ 민재는 하루에 한 시간만 만화를 보기로 엄마와 약속했습니다. 재미있게 만화를 보기 시작한 민재는 그만 봐야 할 시간이 다가왔지만, TV를 끄지 않고 엄마 눈치를 슬쩍 살핍니다.

핸드폰에 집중해 있는 엄마가 시간을 넘겨버리면 자신도 모른 척 더 볼 수 있기 때문입니다. 엄마가 "이제 10분 전이야", "5분 전이야" 종료 알람을 알려주지만, 막상 꺼야 할 때가 되면 더 보겠다며 고집을 부려 실랑이가 시작되곤 했습니다.

"너 그러면 앞으로 안 보여준다!"

엄마의 엄포에도 민재는 몇 번 더 떼를 써보기도 합니다. 어떤 날은 자신의 떼가 통할 때도 있었거든요.

매일 반복되는 민재의 이런 행동 때문에 엄마는 걱정입니다. '애가 저래서 어떡하지? 미디어에 중독된 거 아니야? 커서도 자제를 못하는 어른이 되는 거 아니야? 잘못되는 거 아니야?'라는 생각이 들어 더 강하게 "안돼!"라고 윽박지르게 됩니다. 그러면 아이는 울고 조금 전까지만 해도 평화로웠던 일상이 순식간에 험악해지고 맙니다.

아인슈타인이 한 말 중에 "같은 행동을 반복하면서 다른 결과를 바라는 것은 미친 짓이다"라는 명언이 있습니다. 육아서에서 본 대로 혹은 부모로서 옳다고 생각하는 것을 위해 아이를 양육하는 것은 좋습니다. 그런데 그 방법이 내 아이에게 효과가 없다면, 부모가 하고 있는 행동방식을 조정해 나가야 합니다. 내 아이에게 맞는 전략을 찾아보세요.

아이가 약속된 만큼만 영상을 보는 것이 어려워 갈등이 여러 차례 반복되고 있다면, 단순히 '말'로 지시해서는 아직 끄는 게 어려운 겁니다. 계속해서 더 보고 싶은 그 마음, 욕구를 자제하는 것이 아직은 많이 힘든 겁니다. 갈등을 해결하기 위해 단순 지시가 아닌 다른 전략이 필요하다는 신호입니다. 나도 지겹고, 아이도 지겨워지는 잔소리가 반복되고 있다면, 지금 부모가 하고 있는 방식이 내 아이에게는 도움이 되지 않는다는 뜻입니다. 똑같은 방식으로 야단을 치고 잔소리를 했지만 여전히 아이가 똑같은 행동을 반복하고 있다면, 아이의 행동 변화에 전혀 도움이 안 되는 개입 방식을 부모들이 계속 쓰고 있다는 걸 알아차려야 합니다. 문제를 해결하기 위해서는 다른 대처 방식을 찾아야 합니다.

좋은 말만으로 행동을 바꾸긴 어렵다
♥ ♥ ♥ ♥

부모들은 좋은 말로 여러 번 말했는데도 아이들이 말을 듣지 않아 결국 화를 내게 된다는 말을 정말 많이 하십니다. 하지만 우리가 기억해야 할 중요한 것은 바로 '말'만으로는 어렵다는 것입니다. 함께 움직여야 합니다.

만약 내가 아이에게 같은 말을 여러 차례 말해도 먹혀들지 않았다면, 백 번이고 천 번이고 반복해도 효과가 없을 것입니다. 부모의 개입 방식이 유용하지 않고, 오히려 역효과(부모는 짜증이 나고 화가 나 아이를 미워하게 된다. 부모-자녀 사이의 갈등이 심화된다)를 일으킨다면 방법을 바꿔야 합니다.

지금은 스마트폰이나 영상과 떼려야 뗄 수 없는 시대에 살고 있습니다. 그렇기에 스마트폰이나 영상 자체를 막을 수 없습니다. 그것을 '조절'할 수 있는 것이 더 중요합니다. 내가 해야 할 일을 하면서 영상을 보거나 게임을 한다면 뭐라고 할 이유가 없는 셈이지요.

아이들도 TV나 유튜브 영상을 시간에 맞춰 약속된 만큼만 봐야 한다는 것은 잘 알지만, 막상 재밌는 영상을 보기 시작하면 멈추는 게 어렵습니다. '너무 재밌기' 때문에 자신의 욕구를 좌절시키는 게 쉽지 않으니까요. 자기조절력을 키우기 위해서는 아이의 의지에만 기대지 말고, 부모가 함께해 줘야 합니다. 환경(부모가 하는 행동)은 그대로 두면서 아이가 하는 행동이 왜 달라지지 않느냐고 하소연하면 안 됩니다. 인풋input은 달라지지 않았는데 다른 아웃풋output을 기대하면 안 되지요.

부모는 아이가 욕구를 조절하는 힘을 키우는 데 직접 개입할 수 있습니다.

부모도 쉬고 싶은 마음에 영상을 보여줍니다. 아이가 원해서라고는 하지만, 어떻게 보면 부모 자신을 위해 인심을 쓰는 경우도 많습니다. 인심을 쓰는 것까지는 좋은데, 아이가 원해서 더 허용해 줬다가 아이가 막상 종료 시간을 지키지 못하게 되면 "너는 왜 약속 안 지키냐", "다시는 보여주지 않을 거다"라며 감정싸움으로 이어지기도 하지요. 이런 일이 몇 번 반복됐다면, 아이의 의지에 기대서 약속 지키기를 요구하기보다는 부모의 행동에 어떤 변화가 필요할지를 먼저 살펴야 합니다.

처음부터 끝까지 영상을 함께 보면 제일 좋겠지만 그것은 어려우니, 종료 시간이 되어가면 종료 5분이나 10분 전에 "5분 남았어"라고 먼저 예고를 하고 아이 옆에 가서 있다가 시간이 됐을 때 아이와 함께 꺼보세요. 처음에는 아이 손을 잡고 버튼을 눌러 함께 *끄다*가 점차 아이 혼자 *끄게* 합니다. 나중에는 "이제 시간 됐다"라는 말만으로도 아이가 끌 수 있도록 단계별로 점차 습관에 젖어 들게 합니다. 아이들이 처음 한글이나 알파벳을 배울 때를 보면, 처음에는 글자 위를 따라 덧쓰게 하고, 다음에는 점선을 따라 쓰게 하다가 마지막에는 빈 여백에 글자를 쓰게 하지요. 이처럼 단계별로 아이가 할 수 있도록 돕는 겁니다.

개입 방식의 단계별 전환

♥ ♥ ♥ ♥

현재 아이의 행동을 관찰해 봅니다. 아이가 다른 선택을 할 수 있으려면 환경 개선이 필요합니다. 부모가 원하는 어떤 행동을 아이가 하는 것을 목표로 둔다면, 그 행동이 나올 수 있도록 환경을 단계별로 구성하는 겁니다. 즉, 부모의 관여 정도를 상에서 점차 하로 줄여나갑니다. 예를 들어 볼까요.

부모가 기대하는 행동 : 아이가 스스로 약속한 종료 시간에 전원을 끈다.

원하는 목표를 위해 부모가 단계별로 관여하는 방법

1) 부모는 아이 곁에 같이 앉아 있다가 종료 시간이 되면 "이제 종료 버튼 누를 시간이야"라고 말한 뒤 아이와 함께 종료 버튼을 누른다.

2) 부모는 아이 곁에 같이 앉아 있다가 종료 시간이 되면 "이제 종료 버튼 누를 시간이야" 하고 종료 버튼을 누르는 시늉만 하고 아이 혼자서 종료 버튼을 누른다.

3) 부모는 아이 곁에 같이 앉아 있다가 종료 시간이 되면 언어적인 지시로만 "종료 버튼을 누르자"라고 말하고 아이가 혼자서 종료 버튼을 누른다.

4) 부모는 종료 시간이 되면 언어적인 알림만으로 "이제 종료 버튼 누를 시간이야"라고 알려준다.

5) 아이가 약속한 만큼만 영상을 보고 스스로 종료 버튼을 누른다.

아이가 잘 (혹은 억지로라도) 해낼 때마다 폭풍 칭찬을 해주세요. 아이와 눈을 맞추고 높은 톤의 큰 목소리와 조금은 과장된 표정과 몸짓으로 반응해 주면 아이가 더 크게 보상으로 느낄 수 있습니다. 단, 단계별로 올라갈수록 그 강도가 점차 커져야 합니다. 그러니 1단계에서는 살짝 "그래. 재밌게 봤니?" 정도로 물어봐 주시고, 2단계부터 적극성의 수위를 올려가며 칭찬해 주세요.

이렇게 내 아이가 할 수 있는 현실적인 전략을 세워야 합니다. 부모가 관여하는 수준을 점점 줄여나가는 게 핵심입니다. 아이 수준에 맞게 단계별로 쪼개는 것이 중요합니다. 목표는 부모의 최소한의 행동 개입이지만, 아이의 수준에 따라 갑자기 확 줄여버리면 실패할 수 있으므로 아이를 관찰하면서 서서히 부모가 관여하는 정도를 줄여가세요.

환경 변화는 부모의 개입 방식도 포함되지만 아이 주변 상태에 변화를 줌으로써 가능하기도 합니다. 예를 들어, 책상에 앉았을 때 주변 물건에 자꾸 눈길을 주고 만진다면, 그 물건은 책상 근처가 아닌 거실이나 다른 곳으로 옮겨 보세요.

스마트폰 하지 않기, 정말 어렵습니다. 어른도 의지로 자제하는 것이 무척 힘듭니다. 이 힘든 일을 아이의 의지에 온전히 기대지 마세요. 직접 개입해 상호작용하면서 아이의 습관 형성에 도움을 제공하는 방식으로 관여하세요. '말'만으로 하는 지시나 안내보다는 '환경'을 조절하면서 함께하세요. 이때 아이가 어설프게 해내더라도 칭찬하는 것을 잊지 마세요. 모든 아이들은 부모를 기쁘게 하고픈 자연스러운 욕구를 가지고 있고, 그것이 만족되면 다음번에 그 행동을 더 잘하고 싶은 마음이 드니까요.

이 단계들을 뛰어넘어 한 번에 문제를 해결하려고 하지 마세요. 모든 것에는 시간이 걸립니다. 아이가 아무리 동화책을 많이 읽어 글자를 다 안다고 해도 책에 나오는 것처럼 처음부터 글씨를 예쁘게 쓰지는 못합니다. 아는 것과 직접 하는 것은 완전히 다른 영역입니다. 4등분 된 칸에 삐뚤빼뚤 쓰다가 점점 나아져 가는 과정을 거쳐야 하듯이 아이가 시행착오를 거치며 결국에는 해내는 경험을 할 수 있도록 환경을 어떻게 구성할지 고민해 보세요. 그리고 아이한테만 적응하라고 하지 말고, 부모도 환경에 같이 적응해야 한다는 것을 기억해 주세요.

check point

기존에 하고 있던 부모의 개입 방식이 아이를 변화시키는 데 도움이 안 된다면, 다른 방법을 찾아봐야 합니다. 똑같은 패턴에 계속 머무르게 하는 건 부모도 지치고 아이를 더 힘들게 만드는 과정이 되니까요. 이번에 바꾼 방법이 잘 안된다면, 다른 개입 방법을 고민하면 됩니다. 아이한테만 적응하라고 하지 말고 부모도 환경에 같이 적응해야 합니다. 즉, 부모도 말뿐이 아니라 '행동'하고 움직여야 합니다.

아이에게 바라는 행동 목표 :
- _____
- _____

그 목표를 이루기 위해서 부모인 내가 순차적으로 관여할 수 있는 것 :
- _____
- _____
- _____

단계별로 수위를 높이면서 다소 과장된 몸짓과 표정 그리고 목소리로 칭찬해 주는 것을 꼭 기억하세요.

무조건적인 처벌보다는
책임의식을 키울 수 있는 훈육

+ 방학 때 집 근처에 어린이 놀이터가 생겨 아이들을 데리고 갔습니다. 대형 에어바운스가 아이들에게 인기입니다. 아홉 살 딸과 일곱 살 아들 그리고 아들 친구까지 셋이서 어우러져 잘 놀고 있습니다. 그때 딸이 미끄럼틀 위에서 털썩하고 뛰어내립니다. 에어바운스이긴 하나 꽤 높기도 하고, 뛰어내리면서 에어바운스 기둥에 걸려 찢어지기라도 할까 봐 지켜보는 엄마는 걱정되었습니다. 남동생들이 누나의 행동을 보고 따라하면 어쩌나 싶어 바로 주의를 줬습니다.

"미끄럼틀은 타고 내려오는 거야. 위에서 뛰어내리지 마. 위험해. 안전하게 노는 거야."

엄마가 말했지만 아이는 아랑곳하지 않고 연거푸 뛰어내렸고, 뛰어내린

후에는 엄마 눈치를 살살 살폈습니다. 엄마의 걱정대로 누나의 행동을 지켜본 남동생들은 곧바로 누나를 따라 위에서 뛰어내리며 환호성을 질러댑니다. 엄마는 아이들에게 주의를 줬고, 아들에게는 엄마의 훈육이 통했지만, 딸은 마치 실수로 발이 걸려 넘어져 떨어지는 것처럼 미끄럼틀 위에서 뛰어내리는 행동을 몇 번 더 반복했습니다. 그 모습을 지켜본 엄마는 머리끝까지 화가 치솟았습니다. 좋은 말로는 도저히 통제가 되지 않는 딸아이에게 본때를 보여줘서라도 버릇을 고쳐야겠다는 마음이 강하게 들었습니다.

"이제 다시는 너 안 데리고 올 줄 알아!"

부모가 경고형 대화를 하는 목적은 단연 '빨리 문제 해결을 하고 싶어서'입니다. 금방 아이의 행동을 통제하고 원하는 상황대로 아이가 행동해 주길 원합니다. "이거 안 하면, 저거 할 수 없어" 같은 말에 아이가 곧잘 따랐기 때문에, 한 번 두 번 반복하다 보면 점점 그 효과성에 의미를 두게 됩니다. 엄마가 말로 타이를 때는 들은 척도 하지 않다가, 아빠가 호통을 치고 큰 소리를 내면 아이는 멈칫하며 행동을 멈추거나 아빠가 원하는 행동을 즉각적으로 하기 시작합니다. 이런 경험 자체가 부모에게는 소리 지르면 내 말대로 잘한다는 의미를 부여하게 되지요. 꼭 화를 내야 말을 듣는다고 의미 부여를 하다 보면 결국 습관화가 되기 쉽습니다.

하지만 유아기를 지나 아동기까지는 잘 먹히다가도 청소년기에 들어가면 판세가 완전 바뀌어버립니다. 부모가 꼼짝하지 못하는 상황이 더 많아집니다. 더 이상 부모의 경고가 통하지 않을 만큼의 힘을 가진 아이들은 부모의 말을 무시하거나 반박하게 됩니다.

또한 말로 하는 훈육이 통하지 않는다면, 우리 가족 내에서 일어나고 있는 힘의 크기가 어느 정도인지를 살펴봐야 합니다. 말로 해왔다면 말로 해도 들어줍니다. 그동안 말이 아니라, 힘으로 해결해왔다면 아이들도 그 힘의 논리에 따라갑니다. 힘으로 해결했다는 게 꼭 아이를 때리는 것을 뜻하는 건 아닙니다. 폭언이나 협박 등 공격적인 언어로 아이를 상처 주는 말도 해당됩니다.

바람직한 행동을 강화하는 법

♥ ♥ ♥ ♥

아이가 바람직하지 않은 행동을 할 때는 철저히 무시하면 된다는 훈육 원칙을 일상에서 그대로 적용하는 분들이 있습니다. 부모가 원하지 않는 행동을 했을 때 부모는 아이를 못 본 척 넘기는 방식으로 대응하곤 했습니다. 하지만 중요한 한 가지가 빠져 있었습니다. 바로 바람직하지 않은 행동은 무시하되, 바람직한 행동을 할 때는 반드시 알아봐 주고 칭찬해 주어야 한다는 것입니다. 이 두 가지가 세트로 이루어져야만 바람직한 행동을 강화할 수 있습니다. 그런데 아이가 떼를 쓸 때는 무시하면서, 그렇지 않은 상황에서는 '당연한' 것으로 여기고 그냥 넘어가 버립니다. 부모는 자기가 하기 쉬운 방법만 골라서 하고는 내 아이가 얼마나 다루기 힘든 아이인지를 강조하지요. 그렇게 해서는 안 됩니다.

◎ 목표 행동을 미리 구체적으로 적어보세요.
- 무시할 아이의 바람직하지 않은 행동 :

- 바람직한 행동과 칭찬 방법 :

아이의 잘못과 관련 없는 처벌의
세 가지 부작용

♥ ♥ ♥ ♥

말로 해도 도통 듣지 않아 처벌을 하는 경우가 있습니다. 이때 정해진 대로 하지 않았다고 해서 이미 한 약속을 취소하는 것은 아이의 잘못한 행동과 관련 없는 처벌입니다. 해야 할 일을 안 했다고 붙여놓은 칭찬스티커를 떼어버리거나, 약속을 지키지 않았다고 주기로 한 선물을 취소하는 식으로 대처하면 세 가지 문제가 생길 수 있습니다.

첫째, 적개심을 키울 수 있습니다. 불공평하고 억울하다는 감정 때문에 자신의 잘못을 반성하기 어렵습니다.

둘째, 부모에 대한 반항심이 커집니다. 자신의 잘못을 인정해도 부당한 처사라는 생각이 들면 부모가 밉고 화가 나는 자연스런 마음이 생깁니다.

셋째, 부모가 원하는 바람직한 행동을 하는 것이 아니라 '다음에는 안 걸리게 잘 해야지' 하고 눈치 보는 행동을 하게 됩니다. 처벌받을 가능성이 있을 때는 자제하고, 부모가 보고 있지 않을 때는 하고 싶은 대로 합니다.

이처럼 처벌은 위협과 부당함이라는 나쁜 것을 '피해야 하는 것'이라는 데에 더 힘이 실리게 됩니다. 그렇다고 말로만 하기에는 분명 한계가 있습니다. 그래서 아이와 함께 정한 규칙을 어겼을 때 어떤 일이 벌어지는지 아이가 예측할 수 있도록 미리 함께 의논해야 합니다. 그리고 처음 한 번 잘못했다 하더라도, 두 번째에는 다르게 해보자고 격려해 줍니다. 만약 그랬는데도 또 규칙을 어기면 그때는 아이와 미리 논의했던 벌칙을 적용합니다. 그래야 아이도 억울함이나 적개심이 들지 않고, 부모가 자신을 도와주려는 대상이라고 인식할 수 있습니다.

처벌보다는 책임을 일깨워주는 방식

가장 좋은 훈육 방법은 아이가 잘못한 행동에 대해 스스로 책임지도록 하는 것입니다. 내적 책임감을 느낄 수 있도록 해주는 겁니다.

"엄마는 우리가 서로 믿을 수 있었으면 해. 거짓말은 나쁜 거야."

또는 아이가 현재 보이는 미숙함의 정도에 따라 아이에게 다가가야 할 때도 있습니다.

"약속은 지키는 거야. 하지만 네가 일부러 안 지킬 마음이 아니었다는 건 알아. 놀다 보니 깜빡했던 거지. 어떻게 하면 엄마와의 약속을 기억할 수 있을까?"

이렇게 아이의 책임 의식을 일깨워주는 방법으로 부모부터 아이의 잘못된 행동에 대한 새로운 의미 부여가 필요합니다. 현재 나에게 좌절감을 주는 아이의 잘못된 행동은 아이가 부모를 무시해서가 아닙니다. 아이가 나쁘기 때문은 더더욱 아닙니다. 충동을 조절하는 것과 좌절을 견디는 힘이 부족하기 때문입니다. 즉, 자기조절력이 아직 부족하기 때문입니다.

어느 아이도 부모에게 혼나는 것을 원하지 않습니다. 이런 아이에게 처벌을 한다고 긍정적인 바람직한 행동이 강화될 수 없습니다. 충동을 억제하는 힘 또는 좌절을 견딜 수 있는 힘이 길러져야 부모가 원하지 않는 잘못된 행동을 멈출 수 있습니다. 아이들은 이미 무엇을 어떻게 해야 하는지 알고 있습니다. 단지 그것을 할 수 없었을 뿐입니다.

예전에는 훈육의 방편으로 생각 의자에 앉히기도 했습니다. 아이에게 왜 화가 났고, 왜 그런 행동을 했는지 곰곰이 생각해 보라고 하지요. 하지만 아이가 혼자서 자신의 행동의 맥락을 생각해 보기는 어렵습니다. 아이가 생각 의자에 앉는 대신 부모가 생각 의자에 앉아서 아이의 마음을 헤아려주는 시간을 가져야 합니다. 한편, 아이 마음 알아주기보다는 명백히 훈육을 해야 할 때도 있습니다. 이때 부모의 훈육에 아이가 상처받고 자신을 미워한다고 생각할까 봐 걱정이 되면, "엄마가 지금 싫어하는 것은 네가 아니라 네가 한 행동이야."라고 분명히 알려줍니다.

Q "그만큼 놀았는데도 더 놀고 싶어하네!", "너희들은 어떻게 만족이라는 걸 몰라!"

다른 집 부모보다 더 해줄 만큼 해줬는데, 피곤해도 꾹 참고 아이들이 놀고 싶어하는 만큼 놀이터에서 서너 시간을 놀고 왔는데도 또 놀자고 하면 화가 납니다. 충분히 해주면 스스로 알아서 조절할 수 있을 줄 알았거든요.

A 아이의 욕구와 충동을 자유롭게 표현하도록 허용만하고 규칙과 통제를 하지 않으면 내적 조절력을 키우기 힘듭니다. 욕구와 충동은 채워지면 없어지는 게 아니라, 조절할 수 있어야 하는 영역입니다. 규칙을 통해 한계를 정함으로써 '조절'의 힘을 키울 수 있게 됩니다. 규칙을 정할 때는 〈육아, 현실적인 기댓값 정하기(99쪽)〉를 참고해 아이와 부모가 수용가능한 현실적인 기댓값의 교집합을 찾아보세요.

형제자매 다자녀 :
애정결핍 없이 키우는 방법

+ 유나는 두 살 터울 동생이 늘 갖고 다니는 인형을 보더니 주먹질을 해대다가 바닥에 내동댕이치며 "짜증나" 하고 소리칩니다. 동생이 좋아하는 인형에다 화풀이를 하는 유나는 이제 열한 살입니다. 눈에 띄게 공격성을 인형에다 표출하고 있는 아이는 평소 친동생보다는 밖에서 만난 동네 동생이나 사촌 동생을 더 잘 챙기며 데리고 놉니다.　　　　　⋮

+ "동생이 엄마 배 속으로 다시 들어갔으면 좋겠어."
세 살 터울 동생이 엄마의 관심을 독차지한다고 느낄 때마다 내뱉는 서윤이의 말은 엄마를 속상하게 합니다.　　　　　　　　　　　　⋮

누구나 화목한 가정을 원합니다. 화목和睦의 한자 중 화목할 화和는 禾벼화와 口입구가 합쳐진 글자입니다. 화목하려면 먼저 배가 불러야 한다는 뜻인데요. 요즘 시대에 배곯는 사람은 없으니, 재해석해 보면 화목하려면 심리적으로 굶주리지 않아야 한다고 볼 수 있습니다. 내가 사랑에 배불러야, 누군가를 품어줄 여유가 생깁니다.

우리 속담에도 "곳간에서 인심 난다"라는 말이 있지요. 마찬가지로 사랑받고 있음을 느끼는 사람들은 누군가에게 친절할 수 있습니다. 우리 아이들이 형제자매에게 친절하려면 스스로 사랑받고 있음을 느껴야 합니다. 내 안에 사랑받고 있다는 느낌이 가득하면 주변에 친절을 베풉니다. 사랑받고 싶은 마음이 채워지지 않으면 공격적으로 이기려는 마음이 생기기도 하고, 나보다 더 사랑받는 것 같은 대상을 비난하거나 헐뜯고 싶고, 폭력을 통해서라도 부족한 사랑을 채우고 싶어 하는 욕구가 생기기도 합니다.

내 배가 고픈데 내 것을 다른 사람에게 내어주기는 어렵습니다. 어른이라도 쉽지 않지요. 아이들이 '나도 못 받고 있어서 억울하다. 차별당하고 있다', '엄마는 나보다 쟤를 더 좋아해'라는 생각을 갖고 있다면, 아마 부모도 형제의 다툼을 경험하면서 겪는 고통의 양이 상당히 클 겁니다. 사랑은 나누면 배가 된다지만 둘 이상의 아이가 있는 가정에서 둘 모두에게 똑같이 사랑받고 있다는 느낌을 주기엔 분명 한계가 있습니다. 부모는 공평하게 대한다 해도 아이들은 늘 부족하다고 느끼니까요. 이때 부모는 아이들에게 무엇을 어떻게 더 해줘야 할지 막막해집니다. 아이의 그런 마음도 '인정'해 주면 됩니다. 그렇지 않다는 것을 애써 설명하려고 하기보다는 그렇게 느끼는 마음을 아이가 마음껏 표현할 수 있도록 더 많이 들어주고, 더 받고 싶어 하는 마음을 알아봐 주세요.

시기와 질투 대신
사랑과 감사를 느낄 수 있게
♥ ♥ ♥ ♥

사람은 서로에 대해서 더 잘 알수록 불안감이 낮아집니다. 상대에 대해 아는 게 없으면 상대가 어떤 마음과 생각을 하는지 모르기 때문에, 상대의 행동이 잘 이해되지 않지요. 그러면 화가 나기도 합니다. 아이들과 1대1로 특별한 시간을 짧게라도 가질 수 있다면, 아이는 부모를 독차지할 수 있어 좋고, 부모는 한 아이에게 집중하며 더 가깝게 만날 수 있어서 좋습니다. 그러나 바쁜 일상에서 아이 한 명 한 명과 특별한 시간을 주기적으로 갖기는 현실적으로 어려움이 많을 겁니다. 그래서 다음의 세 가지 방법을 제안합니다.

첫째, 한 아이에게 칭찬을 하면 다른 아이에게도 함께해 주세요. 칭

찬 목록을 만들면 도움이 됩니다.

다른 아이 앞에서 한 아이만 칭찬하면 칭찬받지 못한 아이는 자신이 거부당했다고 느끼게 됩니다. 그러면 시기심이 생길 수밖에 없죠. 잘한 아이를 칭찬하는 것인데 다른 아이 눈치를 봐야 하느냐고 반문하시는 분들이 계실거에요. 한 아이가 칭찬받을 만큼 잘한 게 있다면, 다른 아이가 잘하는 것도 칭찬해 주면 됩니다. 언니와 동생은 잘하는 게 다르지만, 각자가 잘하는 게 있잖아요. 모두 칭찬해 주면 모두 함께 우월해질 수 있습니다. 평소 각자 잘하는 것들을 정리해 두면 칭찬할 때마다 고심할 필요가 없어집니다. 그때그때 머리를 쥐어뜯으며 생각해 내려고 애쓰지 않게 되도록 미리 찾아두는 겁니다. 칭찬은 다른 사람보다 월등히 잘한 것을 하는 것이 아니라, 바람직한 행동을 했을 때 하는 거에요. 칭찬의 기준값을 바꾸면 칭찬할 거리는 더 쉽게 더 많이 찾을 수가 있습니다. 또는 다음 두 번째와 연결하면 칭찬할 거리를 좀 더 쉽게 찾을 수 있습니다.

둘째, 가정에서 '친절한 행동 하루 세 개 하기' 규칙을 정해보세요.

아이들은 서로 사이좋게 잘 지내고 싶은 마음이 없는 게 아니라 질투 나는 마음을 조절하고 성숙하게 표현하는 능력이 부족해서 그렇습니다. 실수를 안 하는 게 중요한 게 아니라 실수했을 때 대처 능력을 익히는 게 더 중요했듯이, 형제자매끼리 싸우지 않는 게 중요한 게 아니라 서로의 욕구를 확인하고 잘 표현하도록 돕는 과정이 필요합니다. 이런 과정이 원활하게 이루어지려면 아이 마음속에 시기심이나 질투로 인한 미운 감정들이 좀 완화될 필요가 있습니다.

동생이든 부모든 누군가를 위한 친절한 행동을 세 가지 하는 것으로 정해보세요. 처음에는 한 가지로 하다가 늘려가면 좋습니다. 더 많이 누군가에게 친절한 행동을 하는 것은 쓸모있는 사람, 가치 있는 사람이라는 걸 느끼기에 좋고 자존감을 올리고 유지하는 데도 도움이 됩니다.

형제나 자매가 서로를 향해 친절한 행동을 할 수 있다면 이것이야말로 일거양득이겠죠. 서로를 위한 행동이 자기 자신을 위한 일이기도 하니까요. 부모가 먼저 사소하고 별거 아니라고 생각하는 것부터 시작해 보세요. 어떤 친절한 행동을 했고, 그것을 하면서 어떤 마음이었는지를 표현하면서 시범을 보이세요. 아이들이 자연스레 따라할 거에요.

셋째, 경쟁 관계 구도를 벗어나 협력 관계를 경험할 수 있도록 의도적으로 만들어 주세요.

'누가 더 잘하나 보자, 누가 더 빨리 하나 보자' 하고 둘 사이에 경쟁을 붙이는 경우가 있습니다. 부모는 아이의 동기를 부추겨 좀 더 빨리 부모가 원하는 바람직한 행동을 하게 하려는 목적으로 사용합니다. 그런데 승자와 패자가 갈리고 이긴 자와 진 자로 구분되는 상황은 불가피하게 경쟁에서 밀린 아이가 질투나 시기심을 느끼게 합니다. 경쟁보다는 서로 협력할 수 있는 기회를 의도적으로 만들어 보세요. 가장 쉽게는 형제가 한 편이 되고, 부모가 한 편이 되어 게임을 하는 방법이 있습니다. 그러면 형제는 서로 협력하여 게임을 할 수 있습니다. 한 편이 되어 부모를 이겨보는 경험 속에서 서로 돈독하게 협력해 무언가를 성취하는 경험은 형제애를 키우게 해줍니다. '나 혼자 잘해요'보다는 '함께하니 더 좋아요'를 경험하게 해주세요.

"열 손가락 깨물어 안 아픈 손가락 없다"라는 말처럼 부모들은 모두 아이들을 사랑합니다. 하지만 부모도 사람인지라 더 편하게 느껴지는 아이가 있는가 하면, 행동이나 말이 자꾸만 마음에 거슬리는 아이도 있습니다. 그러다 보니 사랑하는 마음은 같지만 사랑의 표현은 달라집니다. 안타깝게도 어른들에게 혼나기 쉬운 기질과 성향을 가진 아이들은 애정결핍을 경험하기 쉽습니다. 아이에게 지적하고 훈육하는 말을 하는 만큼 수용하고 알아봐 주는 말도 함께 해주세요. 뭐든지 한쪽으로 치우치지 않으면 됩니다. 아이 안에 사랑이 많이 쌓이면 곁에 있는 다른 아이에게도 한결 편안하게 친절한 행동을 할 수 있게 됩니다.

'아이들을 차별하지 않고 공평하게 대한다'는 명제에 대해 한번 살펴보겠습니다.

의도는 좋지만 부모가 공평하게 대하기 위한 행동 규칙을 어떻게 정하는지에 따라 갈등이 더 깊어질 수 있습니다.

아이들이 매일 저녁 자기 전에 책을 읽을 때, 서로 먼저 자기 책을 읽어달라고 다툼이 벌어지는 경우가 있습니다. 두 아이 이상에게 무언가를 동시에 해주는 것은 불가능하기 때문에 책 읽기뿐만 아니라 다른 상황에서도 순서에 대한 갈등은 일어납니다. 이는 형제, 자매간에서 일어나는 자연스러운 상황입니다.

이때 '가위바위보' 등의 게임을 통해 이긴 사람이 먼저 순서를 차지하는 것은 언뜻 보기에 공평해 보입니다. 하지만 한 아이가 연거푸 이기거나 혹은 지게 된다면 결코 공평하게 느껴지지 않습니다. 일상적으로 반복되는 상황에서는 오늘 뒤에 읽은 아이가 내일은 먼저 읽도록 하는 것이 더 공평합니다. 비록 오늘은 뒤에 읽지만 내일은 먼저 읽을 수 있는 순서가 돌아온다는 것을 예측할 수 있어야 다툼이 일어나지 않습니다.

우연의 요소에 공평이란 잣대를 맡기지 마세요.

남 탓만 하는 아이,
잘못을 인정하지 않는 아이

✦ 아이와 엄마는 고양이를 보러 공원에 갑니다. 집에서 기르지는 못해도 아이가 좋아하는 귀여운 고양이를 볼 수 있어 종종 공원에 들렀거든요. 아이는 물통과 고양이 장난감으로 레이저빔을 챙겨 넣은 에코백을 킥보드에 걸었습니다. 한참 가다가 물을 마신다며 잠깐 멈춰 섰습니다. 엄마는 햇볕이 너무 뜨거워 조금 더 걸어가 그늘진 곳에 서서 아이를 기다렸습니다. 아이가 물통을 에코백에 다시 넣는 중에 레이저빔을 떨어트렸고 뚜껑이 열리면서 건전지가 바닥으로 떨어졌습니다. 아이는 레이저빔 건전지가 없어졌다면서 다 엄마 때문이라고 했습니다.

"그게 왜 엄마 때문이야?"

"엄마가 내 옆에 있지 않고 먼저 가버려서 내가 빨리 쫓아가려고 서두르다가 떨어트렸으니까 엄마 때문이지."

엄마는 자신의 잘못은 생각하지 않고 무조건 엄마 탓을 하는 아이 때문에 진절머리가 났습니다.

⁝

✦ 1박 2일 가족 캠핑을 다녀왔습니다. 집에 도착해 차에서 내리는데 아이가 마스크를 찾습니다.

"너, 마스크 어딨어?"

"몰라~ 아빠가 어디 뒀어~! 아빠가 찾아!"

잠에서 덜 깬 상태로 짜증이 섞인 목소리로 말하는 아이의 반응에, 장시간 운전으로 피곤이 쌓인 아빠도 감정이 훅 올라옵니다.

"너, 찡찡거리며 말하지 말라고 몇 번을 그랬어?"

재밌게 다녀온 나들이 시간이 무색해지게 아이는 아빠에게 혼이 났습니다.

⁝

부모가 내보이는 부정적인 감정에 아이들도 영향을 받겠지만, 부모 역시 아이가 내보이는 부정적인 감정에 영향을 받습니다. 아무렇지도 않게 담담하게 반응하고 싶지만, 거슬리는 불편한 자극들을 감당하고 견뎌내는 게 쉬운 일은 아닙니다. 특히 아이의 잘못이 분명해 보이는 일까지 무조건 부모 탓이라 하면, 애쓰고 있는 부모도 억울한 마음이 들어 화가 납니다.

깨워달라는 시간에 깨워줘도 조금만 더 있다가 일어난다고 잠깐 눈 붙이더니 결국 늦게 일어나서는 "엄마 때문이야. 엄마가 일찍 안 깨웠어"라고 엄마에게 잘못을 넘겨버리면 엄마는 당연히 기분이 나쁩니다.

아이들(초등학교 저학년까지는 특히나 더)은 자신이 잘못해서 벌어진 일임에도 불구하고 혹은 단순히 불쾌한 어떤 자극에 대해 아무런 연관도 없는 엄마, 아빠 탓으로 돌리는 경우가 많습니다. 어려서는 어리니까 하는 마음에 넘겼지만, 초등학교에 가서도 아이가 계속 부모 탓을 하면 부모도 사람인지라 그런 아이의 행동이 미워지기 시작하지요.

'자기가 잘못한 것은 생각도 하지 않고 어떻게 죄다 엄마, 아빠 탓이라고 하지?'

'저렇게 하다가 커서도 남 탓만 하는 어른이 되면 어쩌지?'

며칠 전 아이가 배탈이 나서 화장실에 자주 들락거리게 된 일이 있었습니다. 갑자기 "아, 배 아파~"하더니 "아빠 때문에 배 아프잖아" 하면서 화장실로 쪼르륵 달려갔습니다. 배탈이 나서 배가 아픈 것이고, 배탈이 난 이유는 그 전날 평소보다 많이 먹어서입니다. 아이의 잘못이 분명하지요. 그것을 떠나 생리적인 현상 자체가 누굴 탓할 일이 아닌데, 아이가 아빠 때문이라고 톡 쏘아붙이고 화장실로 달려갑니다. 누군가는 그 모습을 보고 아직 아이니까 귀엽다고 웃어넘길 수도 있고, 누군가는 저렇게 사소한 것까지 아빠 때문이라고 하다가 남 탓하는 어른이 될까 하는 걱정에 아이를 불러 세워놓고 시시비비를 가리며 훈육할 수도 있습니다.

부모들은 자신의 행동에 대해 책임질 줄 아는 용기 있는 어른이 되길 바랍니다. 그래서 아이에게 어떻게 반응해야 할지 고민하게 됩니다. 아이가 "엄마 탓이야", "아빠 때문이야"라고 할 때 "그것이 아니라, 사실은…"이라고 바른 답을 알려주고 설명해 주면 책임감 있는 어른으로 성장할 것 같기도 합니다.

하지만 아닙니다. 자신의 행동에 책임지는 태도는 평소 엄마, 아빠가 일상에서 그러한 일이 있을 때 인정하고 사과하는 모습을 보이면 됩니다. 사과를 받는 사람은 그것을 흔쾌히 받아들이고 화해하면, 그 모습을 곁에서 지켜보는 아이도 자신의 잘못에 책임질 줄 아는 어른이 될 수 있습니다. 잘못을 하면 다시는 받아들여질 수 없고, 화해를 요청해도 거부당하고, 벌을 받아야 용서받는 것을 보다 보면 처벌이 두려워 자신의 잘못을 인정하는 게 쉽지 않겠죠. 무언가를 잘못했을 때, 자신이 미움받을지도 모른다는 두려움이 자리잡는다면, 아이는 자신의 잘못이나 부족함을 쉽게 인정하거나 표현하는 게 어려울 수밖에 없습니다.

아이들이 잘못을 인정하지 못하는 이유

♥ ♥ ♥ ♥

아이가 이렇게 남에게 잘못을 미루는 이유는 순간적으로 발생된 부정적인 감정을 처리하는 능력이 없어서입니다. 가장 가까운 엄마, 아빠에게 쉽게 표출(투사)하는 거지요. (투사는 앞서 자신의 내부에서 일어나는 용납하기 어려운 불편한 자극이나 충동을 다른 사람의 탓으로 돌려버리는 무의식적 행위라고 설명을 드렸습니다.) 방향을 바꿔 엄마, 아빠가 아이에게 투사하는 것은 매우 위험합니다. 아이에게 해로운 영향을 끼치는 미성숙한 행동입니다. 아이에게는 어른이 필요하지, 미성숙한 아이가 필요하지 않습니다. 하지만 아이는 부모에게 투사함으로써 자신의 감정을 조절하는 수단으로 활용할 수 있습니다. 부모는 아이를 이용해 자신의 감정을 조절해서는 안 되지만, 아이들은 미성숙하기에 순간순간 아이 곁에서 아이의 화나 투정을 받아 대신 견뎌줘야 할 때도 있습니다.

다음날, 아이가 좋아하는 인도식 카레에 난을 곁들여 먹으면서 제가 슬쩍 물어보았습니다.

"너 어제, 배 아프다고 화장실 달려갈 때, 아빠 때문이라고 했잖아? 기억나? 그때 왜 그런 거야?"

"내가?"

아이는 멋쩍은 표정을 지어 보이며 슬며시 웃었는데, 자신의 행동이 올바르지 않다는 건 이미 잘 알고 있는 듯했습니다. 굳이 제가 시시비비를 가리며 그건 아빠 때문이 아니란 걸 말해주지 않아도 됩니다. 당연하지요. 아홉 살 아이는 그것을 분명히 알지만, 그 당시에 강한 신체적 자극이 올라와 쉽게 밖으로 내질러 버린 것입니다. 불편한 강한 자극이나 스트레스를 유발하는 부정적인 무엇인가가 자기 안에서 발생하면 쉽게 밖으로 내지릅니다. 가장 안전하고 편안한 부모에게로요. 엄마 아빠를 자신의 스트레스 받는 감정을 조절하는 수단으로 사용한 것이지요. 그러니 시시비비를 가리겠다는 생각은 하지 않으셔도 됩니다. 그냥 아이가 지금 스트레스 받았구나 하고 넘겨버리세요.

정말 남 탓을 하는 것이 아니라 '아이가 지금 받고 있는 스트레스가 커서 의미 없는 투사를 하고 있구나' 하고 생각하면 마음이 훨씬 편안해질겁니다.

또한 이런 신체적인 자극을 넘어서서 어떤 일이 잘못되었을 때 아이들이 발뺌하는 것처럼 보이는 이유는 아이들은 모든 면에서 나약한 자신이 무언가를 잘못했다는 것을 받아들이기가 어렵기 때문입니다. 자신이 괜찮고 좋은 사람이라는 이미지가 손상되는 것을 두고 보기가 어렵습니다. 즉, 나는 괜찮고 좋은 면도 많지만 서툴고 실수도 할 수 있는 통합적인 관점에서 자신을 보는 것이 아직 어렵기 때문에 나쁘고 부족하고 약한 부분은 떼서 부모에게 던져버리는 것입니다. 그래야 내가 안전하고 완전하게 있을 수 있기 때문이지요.

좋고 나쁨을 함께 볼 수 있는 것은 성숙한 능력입니다. 어릴 때는 이런 능력이 없기 때문에 좋고 나쁨을 분리합니다. 좋은 엄마 아니면 나쁜 엄마로 나뉘어 있지요. 나랑 놀아주고, 챙겨주며 함께 있는 엄마는 좋은 엄마지만, 나를 야단치거나 혼내는 순간 바로 '나쁜 엄마'로 변해버립니다. 좋고 나쁨이 공존하지 못하기에 통합된 상태의 엄마를 바라보지 못해 생기는 현상입니다. 사람은 누구나 좋기만 할 수가 없는데 말이죠.

하지만 부모도 사람인지라 아이의 반복된 남 탓에 지칠 때가 있습니다. 이럴 때는 다음의 세 가지를 기억해 보세요.

첫째, 아이의 남 탓은 자신을 보호하려는 욕구에서 나오는 행동입니다.

둘째, 좌절에 대한 표현이나 속상한 마음을 표현하는 게 아직 서툰 아이일 뿐입니다.

셋째, 아이가 고통이나 좌절을 감당하는 수위를 알 수 있습니다.

아이들은 자신이 경험하고 있는 자극에 대한 원인과 욕구에 대해 성찰하는 힘이 부족하기 때문에, 쉽게 곁에 있는 만만한 대상에게로 탓을 돌리면서 불편한 자신의 감정을 순간적으로 완화시킵니다. '아, 아직 OO가 이걸 견디는 힘이 부족하구나. 좌절을 견디는 수준이 요만큼이네' 하고 아이에 대한 기준값을 현실화 해 보세요.

아이의 경험을 돌아볼 수 있게
도와주는 대화법

♥ ♥ ♥ ♥

남 탓하는 아이의 경우, 아이가 경험한 좌절을 반영해 주고, 그 뒤에 숨은 욕구를 찾아서 표현해 주세요.

"일찍 일어나서 준비하고 싶었는데, 늦어져서 지금 많이 조급하구나."

"레이저빔 약이 어디에 떨어졌는지 안 보여서 화가 나 보이네."

"장난감이 빨리 눈에 안 보여서 짜증이 났어?"

"아까 배가 많이 아팠어?"

아이가 말하는 남 탓이 아이의 충족되지 않은 어떤 욕구 때문이라는 것을 알아봐 주고, 그다음 아이가 해야 할 문제 해결 방법을 함께 제시해 줍니다.

부모의 잘못이나 아이의 잘못에 초점을 맞추지 말고 '문제 해결 방법'에 초점을 둡니다. "레이저빔 건전지를 떨어트렸을 때 그 주변을 찾아보면 돼", "어제 그 장난감을 가지고 어디서 놀았는지 기억해 봐", "다음에는 알람 시계를 한 번 더 맞춰 놓자"라고 제안

하면 됩니다.

자존심이 강한 아이일수록 자신의 실수나 잘못을 용납하는 걸 어려워합니다. 문제를 수습할 수 있다는 것과 문제를 수습하는 여러 방법을 반복적으로 습득하다 보면, 실수를 하더라도 그것을 수습할 수 있다는 자신감이 생겨 남 탓을 하는 횟수가 줄어들 거예요.

우리는 누구나 시행착오를 겪으며 배움을 얻고 나아질 수 있습니다. 그런데 남 탓을 하면 자신을 되돌아보지 못하기 때문에 실수로부터 아무것도 배울 수가 없지요.

누구의 잘못인가에 대한 논쟁은 피하세요. 그보다는 문제 해결을 위한 과정에 초점을 두고 이 일이 발생하지 않도록 예방하거나 혹은 그 일이 다시 일어났을 때 어떻게 하면 좋을지에 대해 이야기해야 합니다. 옳고 그름, 맞고 틀림, 잘잘못을 가리다 보면 서로 기분이 상해서 배움으로 이어지는 게 어렵습니다.

아이가 경험한 부정적인 감정을 견딜 수 있도록 아이의 감정을 알아봐 주고 공감해 주면 아이는 자신의 경험에 대해 생각할 수 있게 됩니다. 이때 아이는 자신의 경험을 들여다보고 성찰하는 중요한 능력이 강화됩니다. 아이의 감정을 견뎌주지 않고 시시비비만 가리거나 조언만 하면 부모 말이 맞다는 것은 알지만 그 말이 듣기 싫어집니다. 이해와 사랑을 받지 못한다고 느껴지거든요.

아이들은 자신의 불편한 감정을 처리하지 못하기 때문에 부모 탓을 할 때가 많습니다. 특히 혼날까 봐 걱정되는 마음을 부모에게 투사할 때가 있습니다.

제 아이가 자신의 방 입구 옆 벽에다 무언가가 적혀있는 종이를 테이프로 붙이고 있었습니다. 제가 거실 식탁에 놓인 귤 바구니를 들고 지나가다 그 모습을 잠깐 쳐다보았습니다. '또 무슨 놀이를 만들고 있지?'라는 궁금증과 '혼자서도 잘 놀고 있네~ 덕분에 나도 편하게 내 할 일 하며 쉴 수 있어 좋은 걸'이라고 생각하며 아이를 스쳐지나 안방으로 왔습니다.
그때 아이가 소리쳐 묻더라고요.
"엄마, 지금 화났어?"
아이의 말이 굉장히 뜬금없게 들렸습니다.
"아니, 엄마 화 안 났는데???"
아이는 제 곁에 와서 다시 이야기했습니다.
"아니, 방금 엄마가 날 째려보고 지나간 것 같았거든."

그때 스쳐지나가는 생각이 있었습니다. 평소 만들기를 좋아하는 아이가 테이프를 이리 저리 붙이고 놀다 뒷정리를 제대로 하지 않아 거실 마룻바닥에 끈적한 흔적을 남겼을 때 아빠로부터 혼난 적이 여러 번 있었거든요.
"엄마가 보기에는 네가 괜히 뜨끔한 게 있어서 그런 거 같은데?"
제 말에 아이는 싱긋 웃더니 이렇게 말했습니다.
"응, 사실 맞아. 아빠가 테이프 붙이는 거 싫어하잖아. 그게 생각나서 그랬던 것 같아. 엄마, 미안~." 쏘리 쏘리를 흥얼거리며 아이는 제 방으로 돌아갔습니다.

아이 마음 안에는 테이프 때문에 아빠한테 혼이 났던 경험이 있었고 그것이 신경 쓰였던 겁니다. '혼날까 봐 염려되는' 그 불편한 마음이 순간 지나가던 저에게 투사된 것이지요.

이런 일은 정말 많이 일어납니다. 아이가 난데없이 부모 탓을 하면, 억울할 수 있습니다. 이때 옳고 그른 것을 따져 바로잡으려고만 하면 힘겨루기밖에 되지 않습니다. 그럴 때 '쟤가 왜 저렇게까지 하지?'를 생각하며 답답한 내 감정에 매몰되는 대신에, 호기심을 갖고 아이 마음 안에 어떤 것들이 있는지 알아가는 기회로 활용할 수 있습니다. 부모의 도움을 통해 아이는 자신을 성가시게 했던 불쾌함의 정체가 무엇이었는지 이해할 수 있게 됩니다. 이 과정을 통해 내적 긴장감이 해소되면서 안정감을 갖게 되지요. 그러면 다음에 같은 상황을 만났을 때는 다르게 반응할 수 있을 거예요.

저는 아이가 혼날까 봐 막연히 두려워하고 있는 마음을 다음과 같이 알아주었습니다.
"응, 투명테이프가 아니라 반투명테이프는 흔적이 남지 않으니깐 그건 편하게 써도 돼. 만약 투명테이프를 쓰면, 다 쓰고 나서 뒷정리에 신경 쓰면 되고. 알았지?"

긍정적인 감정 반응도
배워야 한다

우리가 사용하고 있는 언어는 의사소통을 위해 꼭 필요하지만 오해의 여지가 참 많습니다. '아' 다르고 '어' 다르다고 하잖아요. 내가 개떡같이 말하는데 배우자나 아이가 찰떡같이 알아듣기는 어렵습니다. 언어라는 게 그렇습니다. 내 마음이 네 마음 같지 않아요. 상대방이 내 마음을 그대로 알 수 있도록 전달하는 데는 분명 한계가 있습니다. 그러니 "내가 잘 말했고 ⋯ 너는 이해했을 텐데 ⋯ 왜 못해?"라는 논리에서 조금만 벗어나면, 아는 게 곧 행동으로 연결되지 않는다는 걸 깨닫게 됩니다. 말하는 대로, 한 번에, 모든 것이 반영되거나, 안다고 해서 그걸 삶에 바로 적용할 수 있다면 참 좋을 텐데 그렇게 하기까지는 시간이 걸립니다.

아이와 마찬가지로 부모인 우리도 그렇습니다. 내가 육아 지식을 안다고 해도 그것을 나와 내 아이의 상호작용 맥락에 맞게 반영한다는 것은 어려운 일일뿐더러, 그것을 매번 잘하기는 더더욱 힘든 일입니다. 그러니 1도씩의 변화만을 목표로 연습해 보세요.

당연한 것은 없다.
고마운 일, 잘한 일을 알아보는 연습
♥ ♥ ♥ ♥

부모가 원하지 않는 상황을 아이에게 지적하는 건 쉽습니다. 그러나 아이가 원하는 상황을 포착하는 건 생각보다 쉽지 않습니다. 왜냐하면 그건 '당연하다'고 생각하기 쉽거든요. 아이를 혼내야 할 때는 분명 있습니다. 매번 부드러운 어투로, 기다린다는 마음으로 가르치는 게 쉽지 않아요. 부모도 사람이니 화가 날 때도 있고, 화를 낼 때도 있습니다. 화를 훅 내고 나면 죄책감이 올라오지요. 과도한 죄책감은 자녀 양육에 안 좋은 영향을 미칩니다. 내가 부모로서 잘하지 못하고 있다는 느낌은 양육에 대한 자신감을 잃어버리게 하고 결국 관계의 질을 떨어트립니다. 그래서 이것을 중화시키는 방법이 필요한데요, 그중 하나가 바로 긍정적인 감정을 잘 활용하는 겁니다.

행동 강화 연습 1 : 아이가 잘한 일 알아보고 칭찬하기

아이가 잘한 일을 알아보고 칭찬하기 위해서는 관심을 가지고 지켜봐야 합니다. 칭찬도 좋지만 사실 아이들은 자신에게 '관심'을 보여주길 원합니다. 칭찬도 '관심'의 한 형태죠. 아이가 한 어떤 행동 혹은 하고 있는 행동을 읽어만 줘도 됩니다. 거기에다 목소리 톤과 표정이 평상시보다 조금 더 과장되면 칭찬의 효과음이 장착된 겁니다!

그렇게 관심을 가지고 보다 보면, 칭찬거리가 눈에 띌 거예요. 자신이 융통성이 없고 유연하지 못하고, 창의성도 없어서, 칭찬하는 말을 지어내기가 너무 힘들다는 부모님들이 계십니다. 아이들이 하고 있는 행동을 말로 읽어주기만 해도 됩니다. 그게 관심을 가지고 있다는 뜻이고, 그렇게 보다 보면 '그전에는 보이지 않던 것'이 더 보입니다.

'칭찬거리가 없다'고 하시는 분들은 내가 칭찬하고자 하는 마음과 태도를 가지고 있는지를 먼저 점검해 보세요.

'칭찬할 구석이라고는 하나도 없는데, 대체 뭘 칭찬해야 하는 거야?'라는 마음으로는 그 '거리'를 찾기가 힘들어요. 당연하다고 생각하는 걸 못하고 있다고 여긴다면 '언제 똑바로 하려고 그러나', '칭찬할 구석이 없어'라는 생각밖에 들지 않습니다.

사실 바람직한 행동을 한 즉시 칭찬하고 알아봐 주는 행동은 굉장한 관심이 있어야 가능합니다. 아이 곁에서 굉장한 관심을 가지고 관찰해야 가능한 것이지, 아무런 에너지도 쓰지 않고, 저절로 자연스럽게 탁! 일어나는 현상이 아닙니다. 많은 분들이 순간적인 임기응변 능력이 없다고 하시는데, 칭찬은 순간적인 임기응변으로 하는 게 아닙니다. 관심을 가지고 관찰을 통해서 가능한 겁니다. 칭찬은 여유 있는 마음으로, 너에게 관심을 표현한다는 의미를 가지고 아이의 행동을 알아봐 주세요.

무턱대고 하려면 어렵습니다. 아이가 반복했으면 하는 행동을 우선 찾아보세요. 그것에 대한 내 감정과 욕구를 표현하는 말을 정리해 보세요. 이것은 아이를 심리적으로 조정하거나 통제하려는 목적이 아니라 일종의 연습입니다. 아이의 반응을 내가 전적으로 통제하려는 마음을 갖고 있다면, 그건 아이와의 관계를 망치는 지름길입니다.

◎ 아이가 반복했으면 하는 행동 ─ 그 행동에 대해 해줄 수 있는 말(내 감정과 욕구 표현)

_____

_____

행동 강화 연습 2 : 아이에게 고마움 표현하기
우리는 가족 간에 부정적인 감정은 잘 표현하면서 고마운 마음은 쑥쓰러워서, 또는 말하지 않아도 알 거라고 생각하거나 당연하다는 생각에 그냥 지나치곤 합니다. 부정적인 감정은 생존과 연결되기 때문에 저절로 주의가 가지만 긍정적인 감정은 그렇지 않습니다. 그래서 의도적으로 연습해야 합니다. 우리는 고맙다는 말을 들으면 자신의 존재가 누군가에게 좋은 영향력을 미쳤다는 사실에 뿌듯함을 느껴 자존감이 올라가고, 그 행동을 반복해서 하고 싶어집니다.

아이도 그렇습니다. 아이가 나의 어떤 욕구를 충족시켜 주었는지 구체적으로 그 고마움을 표현해 보세요. 이것도 연습이 필요합니다. 우리 안에는 미움도 있지만 사랑도 많이 있어요. 그걸 표현해 주세요.

"정말 잘했어", "진짜 착하네", "우와 멋지다"라는 감탄사에서 끝내지 마시고, 나의 어떤 욕구가 충족되었는지를 구체적으로 표현해 주세요. 이때도 우리가 계속 연습하고 있는 '나의 감정과 욕구'를 표현하는 겁니다. 다음과 같이 표현할 수 있습니다.

"네가 30분까지 옷을 입어서, 유치원에 제 시간에 갈 수 있겠다. 엄마 서두르지 않고 나설 수 있어서 엄마 마음이 놓여. 고마워."

"엄마가 가방 챙기라고 말 안했는데, 스스로 잘 챙겼네? 스스로 네 것을 잘 챙기는 것 보니, 이제 엄마가 잔소리 하지 않아도 되겠네. 엄마 마음이 놓인다. 고마워."

"엄마랑 ○○하기로 한 약속 잘 지켜줘서 고마워, 너랑 한 약속을 서로 믿을 수 있어서 든든하다.”

“와~ 엄마가 ○○하라고 한 거 한 번 만에(두 번 만에) 한 거야? ○○이가 엄마를 존중(배려)해주는 것 같아서 너무 기분 좋다. 고마워.”

“네가 ○○이라고 말해주니까 네 마음이 어떤지 엄마가 잘 알겠어. 그렇게 네 마음 표현해 줘서 고마워.”

우리가 스스로에게 좋은 느낌을 가지고 자존감을 높일 수 있는 방법 중 하나가 바로 다른 사람을 돕고 기여하는 행동을 하는 것입니다. 내가 다른 사람에게 좋은 영향력을 끼치고 있다는 것을 확인하면 스스로가 뿌듯해지고 자존감이 올라갑니다. 또 그 행동을 반복하고 싶어지는 마음, 즉 ‘강화’가 일어납니다. 그러니 잘하는 것을 당연하다고 여기지 마시고, “당연한 것은 없다”를 기억하세요. 내가 고마움을 느낄 때, 고마움을 아이가 알 수 있게 적을하게 표현하기 위한 ‘연습’을 해보세요.

긍정적인 감정을 더 많이 느끼고 표현하는 연습
♥ ♥ ♥ ♥

부정적인 감정을 느끼지 않고 살 수는 없습니다. 다만 부정적인 감정보다는 긍정적인 감정을 더 많이 느끼고 표현할 수 있다면, 그 과정에서 우리는 소소한 행복을 더 잘 느낄 수 있습니다. 화가 날 때도 있지만 즐거움을 주고받을 때가 압도적으로 더 많다면 건강한 관계를 맺고 있는 겁니다. 삶에서 감사, 경탄, 만족감을 많이 느끼면 내 안의 공격성(분노, 불안)을 조절할 수 있는 힘을 키울 수 있습니다. 고마운 마음을 구체적으로 주고받으면 관계가 더 견고해지죠. '사소하고 별거 아닌데'라고 생각했던 부분을 다시 한번 살펴보세요. 뭔가 엄청나고 특별해야지만 행복하고 의미 있는 게 아닙니다. 일상에서 소소하게 즐거움을 자주 느낄 수 있다면, 그게 행복입니다.

또한 긍정적인 기분을 의도적으로 찾아낼 수 있게 도와줄 수 있습니다.

아이들은 기분이 나빠지면 자동적·선택적으로 부정적인 경험에 주목하고, 그 경험에 자신이 알고 있는 단편적인 의미를 부여하고 진실이라고 믿어버립니다. 이때 긍정적인 면은 무시되거나 알아차리지 못하는 경우가 많습니다. 결국 본인이 부여한 그 의미 때문에 자신의 기분과 행동도 영향을 받게 됩니다. 그러니 아이의 강점에 대해서 정리해 뒀다가 아이에게 말해주세요.

대체로 사람들은 부정적인 기분은 알아서 잘 느끼지만, 의외로 긍정적인 기분은 크고 특별한 것에서만 찾으려 합니다. 그러나 별거 아닌 것처럼 보이지만, 작고 사소한 것 안에서 즐겁고 행복한 일을 많이 발견한다면 전체적으로 행복하다고 느낄 수 있습니다.

아이와 함께 오늘 어떤 즐거운 일이 있었는지를 서로 물으며 나눠 보세요.

보통 잠자리에 누워서나 아이와 맛있는 간식을 먹을 때 이런 저런 이야기를 하게 되는데요. 이때를 잘 활용해 보세요. 아이 곁에 앉아 물어보는 겁니다.

"오늘 힘든 일 뭐 있었어? 속상한 일은?"도 좋지만 "오늘 고마웠던 일 뭐가 있었을까?" 하고 고마운 경험에 초점을 두는 경험이 의식적으로 필요합니다. 속상함이나 부정적인 감정을 경험했을 때 우리 안에서 발생하는 공격성은 감사함이 많아질 때 완화되고 희석되어 누그러뜨리게 되거든요.

저는 요즘 아이와 앞에서 언급한 '매일 내가 했던 친절한 일 세 가지'를 찾아 나눕니다. '엘리베이터에서 뒷사람 잠시 기다려 주기' 같은 무심코 해왔던 일일 수도 있지만 누군가에게 친절한 행동을 했다는 것을 의식적으로 떠올리는 것만으로도 스스로를 긍정적으로 느끼게 만들 거든요. 그 누군가가 나여도 됩니다. 내 안의 긍정성이 높아지면 부정적인 불편감을 좀 더 견뎌낼 수 있는 힘이 생깁니다. 우리는 나를 사랑하는 행동을 함으로써 자존감을 높일 수도 있지만, 다른 사람에게 친절한 행동을 하는 것으로도 자존감을 높일 수 있거든요.

check point

우리 집에 따뜻한 기운을 불어넣어 주고, 긍정적인 감정을 불러일으키는 감사의 말들을 주고받을 수 있는 장면을 찾아보세요.

이때 아이가 이미 잘 하고 있는 행동 중에 당연하다고 생각해서 그냥 지나쳤던 것들을 먼저 살펴보세요. 핵심은 사소하고 별거 아니라고 생각했던 것들입니다.

- _____
- _____
- _____

아이의 놀이에 참여해
교육하는 방법

아이는 자신이 원하는 모든 것을 하며 살 수는 없습니다. 그것이 아이에게 좋기만 한 것도 아니고요. 아이에게는 적절한 좌절과 좌절을 편안하게 견딜 수 있는 힘이 필요합니다.

놀이는 좌절을 어떻게 경험하면 좋을지 알려줄 수 있는 훌륭한 도구입니다. 부모와 함께하는 놀이를 통해 아이가 부정적인 감정을 다루는 방법을 배울 수 있습니다. 작은 사회가 바로 가정이잖아요. 부모와 놀면서 배운 사회적 기술을 친구관계로 확장해 적용할 수 있습니다.

유아동기 아이와 재밌게 즐기며 할 수 있는 놀이 중 하나가 바로 보드게임인데요. 요즘 제 아이는 부루마블을 굉장히 즐겨합니다. 게임이 시작되면 목소리 톤이 벌써 달라집니다. 들뜨고 한껏 흥분해 있지요. 얼마 전까지는 블로커스를 좋아했습니다. 그런데 번번이 아빠한테 지니까 너무 자주 해서 지루하다며 하기 싫다고 하더라고요.

아이들은 게임을 하면 이기고 싶어 합니다. 그래서 자신에게 유리한 쪽으로 규칙을 마음대로 바꾸곤 하죠. 부루마블을 하면서 주사위를 던져 3이 나오면 세 칸만 가야 하는데, 바로 옆에 있는 '황금열쇠' 칸에 가려고 은근슬쩍 네 칸을 가기도 합니다. 황금열쇠도 유리한 카드를 고르려고 슬쩍슬쩍 보기 일쑤고요. 그뿐만 아니라 자신이 원하는 카드 끝을 살짝 접어 표시해 놓기도 합니다. 반칙이라고 지적하면, 그런 적 없다며 오해라고 막무가내로 우기기도 합니다. 블로커스를 할 때는 한 번 놨던 패를 다시 유리하게 이리저리 옮겨놓기도 하고요. 아빠는 이런 아이의 행동에 엄격하게 대했습니다.

"너 그렇게 하면, 아빠는 같이 안 논다!"

"야, 그거 반칙이야. 그렇게 하면 재미없어!"

"너, 밖에 나가서도 그렇게 막 우기면 친구들이 너 다 싫어한다!"

재밌게 시작했는데 끝에 가서는 지적과 아이의 변명으로 투닥거립니다.

일방적인 가르침은 No

♥ ♥ ♥ ♥

아이에게 규칙을 가르치려는 의도는 좋지만, 아이가 배울 수 있는 마음의 준비 상태가 되어 있어야 합니다. 아이가 몰라서 규칙을 어기는 게 아니기도 해요. 이미 다 잘 알고 있지만 그만큼 이기고 싶은 마음이 크기 때문입니다.

아이들은 아직 자기중심적입니다. 유아기 아이들은 특히 그렇고요. 초등학교 저학년 아이들도 충분히 그렇습니다. 어떻게 해서라도 이기고 싶어 하죠. 아이에 따라 이 승부욕이 굉장히 강한 경우도 있습니다. 게임에서 재미를 느끼려면 처음에는 이겨야 합니다. 이기면 신나서 계속하고 싶어지고, 더 잘하고 싶어집니다. 반면 계속 지면 지루하고 재미없어질 수밖에 없어요. 이기고 싶다 보니 자꾸 반칙이나 속임수를 쓰고 싶은 마음이 올라옵니다.

부모와의 놀이에서 충분한 즐거움을 경험하려면 초반에는 부모가 '일부러' 그리고 '일방적'으로 져주는 게 필요합니다. 그렇지 않으면 게임할 때 이기고 싶은 마음이 앞서서 규칙을 마음대로 바꾸기도 하고, 속임수를 쓰기도 합니다. 그만큼 이기고 싶은 욕구가 큰 거죠. 친구들과 놀 때 속임수를 쓰거나 규칙을 마음대로 바꾸면 문제가 될 수 있습니다. 그러니 집에서 부모님과 놀이할 때, 충분히 이기는 경험을 통해서 아이가 마음의 여유를 가질 수 있게 해주세요. 마음의 여유가 생기면, 이기는 것에 급급하는 것이 아니라, 더 잘하고 싶은 마음이 생겨 기술을 습득하는 쪽으로 에너지를 쓸 수 있거든요.

아이가 게임에서 지고 나서 짜증 내거나 툴툴거리면 부모님들은 이런 말들을 합니다.

"게임인데, 너 왜 짜증 내고 그래."

"앞으로도 그러면 이제 다시는 같이 안 논다."

"재밌게 놀려고 한 건데 넌 왜 그러냐. 친구들이랑도 그러면 너 친구들이 싫어한다."

"졌을 때는 깨끗하게 인정할 수 있어야지."

아이들은 아직 게임에 져서 느끼는 좌절감을 다루는 게 어려워서 자신의 패배를 인정하기 쉽지 않습니다. 이것도 부모가 졌을 때 느끼는 좌절감을 어떻게 다루는지를 아이에게 모델링해줄 수 있습니다. 말로 "이렇게 해야지!" 하는 설득은 잘 먹히지 않습니다. 부모가 먼저 적절하게 좌절감을 다루는 법을 보여주고, 그것을 아이가 따라 하게 만들어야 합니다. 그게 모델링입니다.

게임에 졌을 때 "아~ 이길 수 있었는데 너무 아쉽다. 그래도 재밌었어!" 하고 아쉽지만 승패를 인정하는 태도와 "와~ 너 잘하는데? 한 판 더! 이번엔 더 잘할 수 있어!" 하고 상대를 인정해주거나 다시 "도전!"을 외치는 모습을 보여줄 수 있습니다. 부모가 게임에 졌을 때 취하는 태도를 자연스럽게 아이가 학습할 수 있게 됩니다. 지는 사람도 이기는 사람도 하하 웃으면서 끝나는 모습을 연출하시면 됩니다. 아이는 부모와 즐거운 놀이 경험을 통해서 감정 반응을 모델링할 수 있습니다.

놀이의 역할 연기를 통해 메시지 전하기
♥ ♥ ♥ ♥

아이들의 놀이를 관찰해 보면 아이의 세계관을 엿볼 수 있습니다. 아이가 거친 행동을 하면 걱정합니다.

"아이가 너무 공격적인 것 같아요."

"놀이에 자꾸 괴물이 나오고, 건물을 부셔버리고 아주 난폭하게 노는 것 같아 걱정인데, 그러지 말라고 해야 할까요?"

아이가 실제로 누군가를 때린 것도 아니고 공격적인 말이나 행동을 하지는 않았지만, 놀이에서 보이는 어떤 폭력적인 면모에 대해서 걱정하는 부모님들이 계십니다. 부모로서 자연스럽게 갖게 되는 마음인 것 같습니다.

이럴 때는 아이의 놀이를 지켜보며 이러쿵저러쿵 참견하며 잔소리를 하지 말고 아이의 놀이에 부모가 같이 참여해 보세요. 아이가 공격적인 악당의 역할을 하고 있다면, 부모님은 지구를 지키는 멋진 용사의 역할을 하면서 하고 싶은 말을 하는 거죠. "나는 지구를 지키러 왔다. 악당에 맞서 싸우자~" 이런 식으로 말을 건

네면서 아이가 갖고 있는 생각을 알아갈 수 있습니다.

2020년 상반기 코로나19로 전국이 공포에 휩싸여 있을 때 제 아이도 집에서 병원놀이를 했었습니다. 코로나에 걸린 환자들이 구급 침대에 누운 채로 속속들이 병원에 도착하고 의료진이 치료를 해야 하는데 병상이 부족한 긴박한 현실 세계의 모습을 놀이에서 그대로 재현하더라고요. 아이의 긴장감과 불안감을 확인할 수 있었습니다.

그럴 때 부모가 환자로든 의사로든 놀이에 함께 참여해 자연스럽게 이야기의 관점을 바꾸고, 아이의 긴장과 불안을 누그러트리게 도와줍니다. 저는 아이와 놀며 "병원에 왔으니 이제 괜찮습니다. 차례차례 기다리면 의사들이 의료약을 개발하고 있고, 마스크를 쓰면 괜찮으니 자, 어서 씌워주세요." 이런 말들을 자주 해주었습니다.

"논다고 정신이 없어서 도통 내 말을 듣지를 않아요. 훈육을 하긴 해야 하는데, 이럴 때는 어떻게 하면 좋을까요?"

실컷 놀고 나서도 돌아서면 신나게 놀기 바쁜 세 살 아이의 해맑음에 어이없어하면서도, 이때도 훈육 한마디를 하지 못하는 것을 찜찜해 하는 엄마가 있었습니다.

이런 경우에는 아이가 상상의 세계에서 어떤 놀이를 할 때 부모가 같이 놀이에 참여해 말하고 싶은 메시지를 전해보세요. 단, 놀이는 아이가 현실에서 해보지 못하는 많은 것들이 가능한 상상의 공간입니다. 그렇기에 아이와 상호작용하면서 아이의 마음을 확인할 수 있는 장이 되어야지, 일방적으로 내 메시지를 전달하려는 목적만 가지고 있어서는 안 됩니다.

'지금 당장'의 조급함을 버리면 메시지를 전할 수 있는 상황은 곧 생깁니다. 역할 놀이를 통해서 다음과 같이 하고 싶은 말을 전할 수 있습니다.

"침대에서 쿵쿵 뛰어요~ 재밌어요~" 하고 뛰고 싶었던 것들을 마음껏 표현하다가 "어이쿠~ 넘어져 떨어졌어요. 뛰면 안 되겠어요. 조심해야겠어요"라고 하면, 아이의 반응을 통해 아이의 생각이나 마음을 확인할 수 있습니다. 아마도 엄마가 전하고 싶은 메시지를 아이는 이미 알고 있을 가능성이 큽니다.

잔소리도 관계를 해치는 '선'을
넘지 말아야 한다

"씻어라. 공부해라. 숙제해라. 치워라. 똑바로 앉아라. 뛰지 마라."

아이들이 알아서 척척 스스로 한다면 부모들이 절대 먼저 잔소리할 일이 없습니다. 부모가 뭔가 말을 하면 반이라도 아이가 따라오면 좋겠는데 전혀 움직이는 것 같지 않습니다. 그러니 부모 입장에서는 잔소리를 하게 되고 속에서 천불이 납니다.

아이들은 부모의 잔소리에 또 시작이라며 마음의 귀를 닫아버리지만, 부모는 안 하려야 안 할 수가 없습니다. 내일 늦게 일어나서 허둥댈 게 뻔한데, 조금만 더 있다가 자겠다는 아이에게 "내일 또 늦게 일어날래!"라고 짜증을 내거나 "또 그러면 어떡하려고 그래!"라고 잔소리를 합니다.

"엄마가 할 거 다 하고 놀라고 몇 번이나 말해. 오늘 해야 할 일 다 하고 놀면 엄마가 잔소리 안 하잖아"라고 잔소리의 책임을 아이한테 돌립니다.

잔소리로는 아이를 통제할 수 없다는 것을 부모들은 이미 잘 알지만 그럼에도 불구하고 꾸준히 아이들에게 잔소리를 하게 됩니다. '포기'할 수는 없으니까요. 누군가는 아이에게 비평가적 관점을 유지하라는 말도 합니다. 평가하지 말라고요. 그게 옆집 아이나 아이 친구면 가능합니다. 하지만 같은 집에 바로 내 눈앞에서 왔다 갔다 하는 내 아이에게 비평가적 관점을 유지하기란 매우 어렵습니다. 그렇게 하려고 노력하는 태도를 계속 연습하며 훈련하자는 것이지, 결코 쉽게 그렇게 되지는 않습니다.

잔소리. 하면 할수록 아이와 관계만 나빠지는 것 같고, 요즘 육아에는 아이의 감정과 욕구를 알아주라고 하니 잔소리를 멈춰야 할 것 같습니다. 그래도 현실은 다르지요. 잔소리, 안 하려야 안 할 수가 없습니다. 대체 어떻게 하면 잔소리를 좀 더 현명하게 할 수 있는지 살펴보겠습니다.

현명한 잔소리를 위해 지켜야 할 세 가지

♥ ♥ ♥ ♥

잔소리를 하지 않는 건 불가능합니다. 또한 아무 말도 안 하면 그건 아이를 방임하는 것입니다. 해야 할 때는 해야 합니다. 다만 잔소리를 할 때, 내가 지금 아이를 어떻게 바라보고 있는지를 느끼면서 해야 합니다. 그래야 멈춰야 할 때 멈출 수가 있습니다. 내 안에서 일어나는 것을 관찰하면서 수위가 높아지면 멈춰야 합니다. 하긴 하되, 멈출 때를 알고 멈추는 것이 필요합니다. 잔소리가 많은 것은 그만큼 부모 안에 불안이 많다는 뜻이고, 순전히 자신의 불안을 통제하려는 부모의 욕구 때문입니다. 아이의 현재성을 관찰해서 나오는 대화라 할 수 없습니다. 아이를 위해 시작된 잔소리지만, 잔소리의 중심에는 지금 부모 눈앞에 있는 아이는 안 보이는 아이러니한 상황이라 할 수 있습니다. 그러니 아이는 부모의 바람과 소망, 부모의 요구만 잔뜩 들어간 잔소리를 듣기가 너무 고통스럽고 싫을 수밖에요.

관계를 해치는 '선'을 넘지 않고 현명하게 잔소리를 하기 위해서는 다음의 세 가지를 기억할 필요가 있습니다.

첫째, "다 너 잘되라고 하는 말이야", "다 너를 위해서 하는 말이야"라는 말은 하지 않습니다.

우리가 하는 잔소리는 아이가 아닌 부모 자신을 위해서 하는 말입니다. 아이가 까먹고 하지 않을까 봐 미리 알람을 주는 것이라고 말할 수도 있지만, 엄연히 아이가 아닌 부모 자신을 위한 행동입니다. "결국 안 하게 될까 봐, 커서도 그럴까 봐"라고 부모가 걱정함으로써 겪는 마음의 고통을 얼른 덜어내고 싶어 하는 거니까요. 이것은 아이들도 뻔히 아는 것이기 때문에 잔소리하면서 "다 너 잘되라고 하는 말이야"라는 말은 하지 않는 게 좋습니다.

우리가 세상의 진실인 양 전하는 어떤 조언들은 내가 경험한 것에 지나지 않는, 세상의 극히 일부일 뿐입니다. 내 아이가 경험하는 세상과 다릅니다.

부모가 염려되어 하는 어떤 말이나 행동은 부모 자신의 경험에서 나오는 경우가 많습니다. '아이를 낳았을 때의 그 막막하고 불안함. 왜 아무도 이런 걸 안 알려주고 애 낳으라고 했어. 나는 우리 애들한테 절대로 가볍게 결혼하거나 애를 가져서는 안 된다고 꼭 알려줄 거야'처럼 누군가에게 하는 조언은 그 당시 내게 필요했던 말입니다. 즉 많은 부모들이 자신에게 필요했던 말을 아이들에게 해주려고 합니다. 그런데 그때는 맞았지만 지금은 틀릴 수 있습니다. 아이들은 부모와 전혀 다른 환경에서 전혀 다른 경험을 하며 살아가고 있으니 말이죠. 항상 '라떼'를 경계해야 합니다. 아이들이 제일 싫어하는 그 잔소리는 실은 부모 자신에게 필요했던 돌봄일 수 있습니다.

둘째, 내가 요구하는 대로 하지 않아 서운하거나 밉거나 불안한 감정이 든다면 잔소리를 멈춰야 합니다. 말의 내용이나 특정 단어가 문제가 아니라, 그 말을 하고 있는 내 마음이 문제가 되는 순간입니다. 하지 않고 있는 걸 알려준다는 잔소리의 순기능을 넘어서서 아이의 태도에 대한 부모의 감정이 쏟아지게 되는 순간이거든요. 어느 순간 부모는 아이를 부모 말도 안 듣고 게으르고 불성실한 존재로 느끼며 잔소리를 계속해서 쏟아내게 됩니다. 아이는 지금 어떤 이유로 부모에게 걱정을 불러일으키고 있지만, 다른 영역에서 잘하는 것이 있습니다. 그런데도 부모는 순간 떠오른 자신의 걱정과 불안에 휩싸여 마치 그것만이 아이의 전체인 양 아이를 대하고, 2절, 3절, 4절로 잔소리 폭탄을 터트립니다.

어찌 보면 부모로서 하는 타당한 불만이나 걱정이기도 하지만, 그 안에 부모 자신의 개인적 경험에 비춘 기대와 숨은 오류들이 존재합니다. 실체가 있는 불안과 실체가 없는 불안을 구분할 수 있어야 합니다. 예를 들어 아이가 지금 어떤 증상을 보이거나 진짜 문제를 일으킨다면 실체가 있는 불안입니다. 하지만 막연히 '저거 저러다 제 밥그릇이나 챙기겠어?' 하면서 갑자기 아이의 미래를 소환해 과도한 걱정을 하고 있다면 당장 "STOP"을 외치고 멈춰야 합니다.

셋째, 잔소리 대신에 부모로서 마땅히 해야 하는 최소한의 개입 범위를 정하세요.

숙제나 공부를 해야 한다는 건 잔소리하지 않아도 아이는 이미 잘 알고 있습니다. 개입의 최소한의 범위를 아이와 의논해 정해보세요.

생활습관을 모두 부모 마음에 쏙 들게 해내는 아이는 어디에도 없습니다. 그건 아이의 영역이 아닙니다. 지나친 간섭은 아이의 자율성을 키우는 데 오히려 방해가 됩니다. 아이가 수동적으로 행동하는 원인이 되는 것이죠. 시켜야만 움직이는 아이가 아니라 스스로 자기의 할 일을 할 수 있는 아이로 자랄 수 있도록 아이의 자율성을 침해하지 않는 범위 내에서 잔소리를 해야 합니다.

"숙제하는 동안은 핸드폰 자꾸 보면 방해되니까 그 시간 동안은 엄마한테 맡겨라."

"9시에는 자야 하니까 그 전에 숙제랑 청소는 끝낼 수 있게 네가 시간 배분을 잘 해봐. 엄마는 9시까진 숙제하고 청소하란 말 안 할게. 대신 9시가 되면 네가 했는지 확인만 할게, 어때?"

그렇게 아이가 알아서 스스로를 훈련할 수 있는 기회를 주세요. 만약 반복해서 지켜지지 않는다면, 엄마가 어떻게 개입해 도와주면 좋을지를 아이와 의논하세요. (미취학 아동의 경우, Chapter 4에서 적절한 환경을 만드는 법(199쪽)을 찾아 적용해 보세요) 좀 더 큰 맥락에서 부모는 큰 것을 얻고 작은 것은 내어줘야 할 필요도 있습니다. 일상에서 사소하고 자잘해 보이는 문제들은 사실 계속해서 생길 수밖에 없습니다. 큰 것(자율성 키우기)을 위해 사소한 것(언제 할지 스스로 정하게 하기)은 내려놓는 연습이 필요합니다. 그래야 아이도 내 말을 조금 더 들어줍니다.

check point

부모들이 아이에게 잔소리를 퍼부을 때를 관찰해 보면 직장이나 가정 등에서 여러 고민과 걱정으로 스트레스를 받고 있을 때가 많습니다. 부모는 정리되지 않은 여러 가지 감정들이 뒤섞여 마음이 복잡해지면 높은 수위의 긴장감을 느끼게 됩니다. 이럴 때 아이가 주는 어떤 자극에 긴장감이 건들어지면서 '팍' 하고 '잔소리 폭탄'이 터져 나오지요. '마음 알아차리기 일지 쓰기'를 통해 부모 자신의 마음부터 잘 살펴보세요.

변화는 부모로부터 시작되어야 합니다. 아이를 윽박지르고 화 낸다고 아이가 변하지는 않습니다. 아이를 눈치 보고 짐작하게 만들 뿐이지요. 아이와 건강한 관계를 맺기 위한 과정에서 감수해야 하는 불편함이 있다면 감당해야 합니다.

좋은 부모의 시작은
자기 이해로부터

　띠동갑 차이가 나는 막냇동생 덕분에 제가 다녔던 초등학교에 다시 가본 적이 있습니다. 당시 동생은 6학년이었고 저는 이십 대였는데요, 오랜만에 학교를 둘러보고 깜짝 놀랐습니다. 제가 기억하던 모습과 너무나 달랐거든요. '계단 높이가 이렇게 낮았나?', '복도가 이렇게 좁았나?' 제 기억 속에는 분명 더 높고 더 크게만 느껴졌는데, 실제로 본 학교는 운동장도 건물도 계단도 모두 다 작았습니다.

　이처럼 어린 시절 내가 겪었던 결핍이나 두려움, 불안은 지금 보면 아무것도 아닌데도, 그 당시에는 매우 크고 무서웠습니다. 특히 아이들은 완전한 환경을 꿈꿉니다. 세상을 좀 살아본 어른들은 살다 보면 싸울 수도 있고, 험한 일도 있고, 기대했던 것과 다른 일들이 번번이 일어날 수밖에 없다는 걸 알지요. 그것이 진짜 삶이라는 것을 그동안 살아온 경험에 의해서 잘 알고 있지만, 아이들은 그렇지 않습니다.

좋은 부모가 되고 싶은 소망 뒤에 숨겨진
진짜 마음은 두려움

♥ ♥ ♥ ♥

우리가 어떤 행동을 하게 될 때는 보통 두 가지 동기가 있습니다. 하나는 강렬한 욕구이고 다른 하나는 두려움입니다. 무언가를 정말 열렬히 원하면 그것을 위해 행동하게 되고, 무언가에 대한 두려움이 너무 클 때도 그것을 어떻게든 피하기 위한 행동을 합니다.

많은 부모들이 좋은 부모가 되고 싶다는 마음에 부모교육을 받으며 고군분투합니다. 한편으로는 내가 무언가를 잘못해서 자식에게 상처를 주는 부모가 되거나 아이가 잘못될까 봐 겁나고 두려운 마음에 부모교육을 찾기도 합니다.

부모가 아이들을 키울 때는 자신의 성장 과정에서 경험한 것들이 많은 영향을 끼칩니다. 특히 내가 경험했던 상처나 아픔을 고스란히 내 아이에게 옮기는 부모가 된다는 것은 생각만 해도 끔찍하지요. 그래서 좋은 부모가 되고 싶다는 소망을 품고, 거기에 가치를 두다 보니 완벽한 부모가 되려고 합니다. 나의 결핍을 하나하나 다 채워주는 것을 좋은 부모의 모습이라고 여기고, 여기저기 인플루언서가 하는 엄마표 육아 방식이나 책에서 좋다고 하는 양육 태도를 그대로 따라 하려고 노력합니다. 조그마한 위험도 다 통제하고 예방하고 싶어 하고, 아이가 작은 실패를 경험하는 것도 피하게 해주고 싶어 합니다. 웬만하면 모든 것을 허용해 주는 품이 넉넉한 부모가 되고 싶기도 합니다. 이렇게 좋은 부모에 대해 많은 부모가 갖고 있는 강박은 실제 나와 아이의 현재성을 놓치게 만드는 걸림돌이 되기도 합니다.

부모인 내가 지금 어떤 기대와 욕구로 아이와 만나고 있는지를 먼저 알아야 합니다. '내가 가진 이런 부분이나 경험 때문에 아이가 이런 행동을 하는 게 보기 힘들었구나. 그래서 아이가 바뀌었으면 했구나'를 깨닫고 나면 비로소 아이에게 내 것을 덧씌워 내 기대대로 아이가 자라길 바랐다는 현실이 보이기 시작합니다.

아이들은 부모에게 정말 많은 좌절 경험을 주기 때문에 육아가 너무 힘들고 어렵게 느껴집니다. 부모인 내가 부족하게 느껴지고, 의미 없고 쓸모없는 사람인 것 같고, 아이한테 별 영향력도 제대로 못 끼치는 존재감도 없는 것 같아서 낙담하고 좌절감에 휩싸입니다. 그래서 막 쪼그라들고 위축되고 눈치 보고, 또 그러고 있는 나를 보면 너무 속상하고 슬프고 화도 납니다. 그러다 보니 이렇게 만든 내 부모한테 원망을 쏟아붓기도 합니다. 지금의 어려움을 고스란히 부모 탓으로 돌립니다. '내가 지금 이렇게 화를 잘 내는 건 부모님이 나한테 그렇게 했기 때문이라고요.'

그럴 수도 있지만, 아닐 수도 있습니다. 신체적인 질병을 보더라도 병의 원인을 찾는 것이 얼마나 어려운지 알 수 있습니다. 예를 들어 폐암에 걸리는 데는 유전적 요인, 스트레스, 식생활, 담배 등 여러 가지 요인이 있습니다. 하지만 담배를 단 한 차례도 피지 않았던 사람이 폐암에 걸리기도 하고, 줄담배를 매일 피워대는 사람이 폐가 건강한 경우도 있습니다. 이처럼 어떤 증상에 대해 원인을 찾아내는 것은 어렵기 때문에, 증상을 완화하고 관리하는 활동을 꾸준히 해나가야 합니다. 폐암에 걸리면 일단 술 담배를 하지 않아야 하고, 식단과 스트레스를 관리해야 하고, 약도 챙겨 먹고 운동도 꾸준히 해야 합니다. 이렇듯 마음 알아차리기 일지 쓰기로 발견한 나의 숨겨진 오류를 대안적인 건강한 사고로 바꿔나가는 연습을 의식적으로 매일 매일 일상에서 해나가 보세요. 마음을 헤아리는 능력이 성숙해져야 합니다. 부모는 아이가 커서 학교에 가고 또 일을 하고 결혼해 자신의 가정을 꾸리는 것을 지켜봐야 하고, 그 과정에서 겪게 되는 마음의 부침은 피해 갈 수 없으니까요. 그러니 부모로서 좀 더 건강하고 좀 더 성숙하게 반응할 수 있도록 훈련해야 합니다.

나에게 시행착오를 허락하자

♥ ♥ ♥ ♥

제 아이도 훨씬 더 자란 후 저에게 와서 "그때 엄마가 나에게 그렇게 하지 않았어? 나 그때 너무 상처받았어. 아직도 그걸 떠올리면 너무 섭섭해서 눈물이 나"라고 이야기할 수 있습니다. 그럴 때는 슬프고 마음이 아프겠지만, "내가 그랬니?" 하고 그저 들어주면 됩니다. 이제라도 말해줘서 고맙다고 하고요.

완벽한 부모는 없습니다. 그러니 자신에게 시행착오를 허락하세요.

아이가 부모와의 관계 속에서 부정적 경험보다 긍정적 경험이 더 많다면 '이만하면 좋은 부모'입니다. 시행착오를 겪어도 괜찮습니다. 지금 한 선택이 정확한 '정답'이 아니어도요.

기억할 것은, 부모 혼자서 정답을 찾으려 하면 '오답'이 될 확률이 더 크다는 겁니다. '내 아이가 현재 보이는 반응'을 통해 조율하며 찾아가고 맞춰가세요. 부모는 자신이 원하는 방향으로 아이가 성장하도록 자기식대로 억지로 끌고 가거나 등 뒤에서 떠밀고 가는 게 아니라 아이가 잘 성장할 수 있는 환경이 되어줘야 합니다. 아이라는 나무가 잘 클 수 있도록 도움을 적절하게 줘야 하는데, 물이나 거름을 너무 많이 줄 때도 있고, 또 햇볕에 너무 오래 두거나 가지를 너무 많이 칠 때도 있습니다. 그럴 수 있습니다. 이런 일을 당연하게 여기지 않고, 계속 생각하고 고민하며 조절하는 것이 중요합니다. 내 아이가 사과나무라면 부모가 좋아하는 귤이 아니라 사과가 잘 열리도록 도와줘야 합니다. 거기에 맞는 거름과 온도, 수분이 필요합니다. 그러니 책이나 강의는 참고만 할 뿐 부모가 하는 선택의 중심에는 '내 아이의 마음'이 있어야 합니다. 아이와 상호작용하는 관계 맥락에서 '기준'을 세우세요. 강의를 계속 찾아 들으며 배우는 것보다 하나라도 내 아이와의 관계에서 적용하고 우리 가족의 상호작용 관계 속에서 어떻게 서로의 마음이 반응하고 있는지를 볼 수 있는 게 더 중요합니다. 이런 시행착오를 통해 아이에게 더 도움되는 양육 방식을 찾아갈 수 있습니다.

아이에게 좋은 환경이 되어주면 아이는 무럭무럭 잘 자랄 겁니다. 혼자서도 씩씩하게 잘 해낸다는 옆집 아이 소식에 내 아이는 왜 아직도 혼자 하는 게 서툰지 속상해하지 마세요. 다른 집 아이를 기준으로 비교하지 말고, 내 곁에 있는 내 아이를 기준으로 내 아이와 마주하고 내 아이와 만나세요.

참고 문헌

존 볼비 저, 김창대 역, 《애착》, 연암서가, 2019

정옥분·정순화·황현주 공저, 《애착과 발달》, 학지사, 2009

Jeremy Holmes 저, 이경숙 역, 《존 볼비와 애착이론》, 학지사, 2005

Morris N. Eagle 저, 이지연·이성원 공역, 《애착과 정신분석》, 학지사, 2015

폴 에크먼 저, 허우성·허주형 역, 《표정의 심리학》, 바다출판사, 2020

Jon G. Allen, 권정혜 등역, 《트라우마의 치유》, 학지사, 2010

Tronick, E. Z., & Gianino, A. (1986). Interactive mismatch and repair: Challenges to the coping infant. Zero to Three, 6(3), 1-6.

Winnicott, D. W. (1971) Mirror-Role of Mother and Family in Child Development, Playing and Reality, (pp.111-118). London: Tavistock.

내 마음 알아차리기 일지

_____년 _____월 _____일

1. 자극이 되었던 상황

_____

_____

_____

_____

2. 그때 내 마음(생각, 감정)

_____

_____

_____

_____

3. 그렇게 생각한 이유

_____

_____

_____

_____

4. 내가 가졌던 생각과 감정은 적절했을까?

_____

_____

_____

5. 아이가 그렇게 생각했다면 어땠을까?

_____

_____

_____

6. 새로 알게 된 사실과 내가 얻은 교훈은? <A가 아니라 B였던 사실 적어보기>

_____

_____

_____

7. 다시 그 상황으로 돌아간다면 어떤 생각이나 행동(말)을 할 것인가?

<적절하다 생각되는 생각, 행동, 말을 찾아서 적고, 소리 내어 읽으며 연습하기>

_____

_____

_____

성인애착 유형별 양육 가이드

애착이 영아가 주 양육자와의 관계에서 맺는 정서적 안정과 신뢰를 바탕으로 한 유대였다면, 성인애착은 성인이 되어 친밀한 관계에 있는 타인과 맺는 정서적 유대라 할 수 있습니다. 성인의 경우에는 정서적으로 친밀한 이성관계인 연인이나 부부관계에서 애착이 발현되는 것으로 확인되면서 성인애착 연구가 활발히 진행되었습니다. 내가 맺었던 애착 관계를 통해 나에 대해 좀 더 잘 알고 나면 아이와의 관계도 편안하게 이끌며 안정적인 애착을 주는 부모가 될 수 있습니다.

한빛라이프

01 내 감정에 의문을 제기하는 습관을 가져보자. 내가 느끼는 감정에 대한 현실검증이 필요하다. 자신 및 상대의 욕구나 고통에 대해 알려주는 비언어적인 단서에 예민한 편이라 과잉 반응하기 쉬운데, '내가 보기에는 화가 난 것 같은데 맞을까?' '과연 그럴까?' 의식적으로 다른 관점을 찾아보는 연습을 해야 한다.

02 관계를 중요하게 여기기 때문에 아이나 배우자를 배려하고 위하는 마음에 할 수 있는 것보다 더 허용해 주고 한계에 부딪혀 힘들어하는 경향이 있다. 내가 감당할 수 있는 만큼의 한계 설정을 해보자.

03 '내가 이렇게 말해서 아이가 너무 상처받았나? 앞으로 자기 마음도 표현 못 하고 눈치 보는 애로 자라면 어쩌지?' 이런 식으로 아이나 배우자에게 자신이 한 행동에 대해 과대평가하고 지나치게 걱정하거나 자기비하적인 태도를 갖는 경향이 많다. 그러나 아이나 배우자가 그렇게 행동한 데는 다른 이유가 있을 수 있다는 걸 기억하자. 상대의 모든 행동이 내가 어떻게 한 결과 때문은 아니라는 걸 수시로 되뇌어 보자.

04 이 유형의 부모는 자신이 잘하고 있는 것이 분명 많은데 잘 못 떠올린다. 내가 잘하고 있는 것을 적어두고 수시로 보며 자기 확신을 쌓아보자.

05 자신의 욕구나 요청을 말로 표현하는 연습을 하자. 애착 대상(배우자)과 친밀하길 원하면서도 서운하게 느껴지면 크게 분개하는 경향이 있어서, 정서적으로 힘들 때 배우자의 관심과 지지를 구하는 방법으로 상대가 무시할 수 없게 눈에 띄도록, 말을 퉁명스럽게 자꾸 쏘아붙이거나 화를 낸다든가 과한 감정 표현으로 에둘러 자신의 마음을 내비치고 있을 수 있다.

06 나와 아이의 폭발적인 정서를 곁에서 견뎌주기 위해 자주 자극받는 상황에 대해 '그럴 수 있지 항목'을 10개 정도 찾아두는 연습을 해보자.

> ⑩ 방학 때는 좀 늘어져서 늦잠 자고 영상도 더 볼 수 있지, 아플 때는 청소도 미루고 식사도 매끼 시켜 먹을 수 있지

이렇게 하지 않도록 주의하세요

01 아이가 느끼는 고통에 과잉 반응해 먼저 개입하지 않도록 주의하자. 아이가 얼마만큼 견뎌내는 힘이 있는지 관찰해봐야 한다. 매번 아이의 문제를 부모가 먼저 개입해 해결해 주면 아이는 스스로 해볼 기회를 얻지 못한다.

02 규칙이나 한계 설정 시 아이에게 미안해하거나 양해를 구하는 행동을 하지 않도록 주의하자. 아이가 자신의 욕구를 조절할 힘을 키울 수 있도록 부모로서 도와주는 과정이므로 양해를 구하거나 미안해할 필요가 없다.

03 아이에게 신세 한탄이나 부담 주는 말을 하지 않도록 주의하자. 타인에게 관심이나 지지를 추구하기 위해 자신의 처지를 비관하거나 하소연하는 사람들이 있다. 같은 어른끼리도 부담스러운 소통 방식이지만 아이에게 이런 태도를 보이지 않도록 경계하자. 특히 배우자와의 관계가 소원할 때 주의해야 한다.

나의 성인애착 유형 알아보기

정서적 위로나 지지가 필요한 상황에서 나에게 가장 의미있는 대상(예:배우자)과의 관계를 떠올려 보면서, 성인애착의 세 가지 유형별 특성에 해당하는 항목을 천천히 읽어보세요. 그중 내가 가장 많이 해당되는 유형을 찾아보세요.

01	나는 다른 사람들과 지나치게 가까워지는 것이 불편하다.	☐
02	나는 다른 사람에게 내 마음속 깊은 감정을 드러내는 것을 원치 않는 편이다.	☐
03	나는 다른 사람에게 의존하는 것이 편치 않다.	☐
04	나는 내 생각과 감정을 다른 사람과 공유하는 것이 편치 않다.	☐
05	나는 다른 사람에게 내 마음을 다 보여주지 않는 것을 선호한다.	☐
06	다른 사람들이 나를 진심으로 좋아하지 않을까 봐 자주 걱정한다.	☐
07	다른 사람들이 내가 얻고자 하는 애정과 지지를 보내주지 않을 때는 화가 난다.	☐
08	다른 사람들이 나와 함께 있고 싶어 하지 않을까 봐 자주 걱정한다.	☐
09	내가 마음 쓰는 만큼 다른 사람들이 나에게 마음 쓰지 않을까 봐 걱정된다.	☐
10	다른 사람들의 관심을 잃을까 봐 두렵다.	☐
11	내 생각과 감정을 다른 사람과 나누는 것이 편안하다.	☐
12	상대방이 나와 내 욕구를 잘 이해한다고 여긴다.	☐
13	다른 사람과 가까이 지내는 것이 편하게 느껴진다.	☐
14	보통 내 문제와 고민을 다른 사람과 상의하는 것이 어렵지 않다.	☐
15	마음이 힘들 때 다른 사람에게 의지하는 것이 도움이 된다.	☐

나의 특성 1~5 (　　)개, 6~10 (　　)개, 11~15 (　　)개

((성인애착유형과특성))

무시형 불안정 애착
1~5 특성이 가장 많을 경우

[자기의존적] 애착 회피 성향이 높아, 친밀감을 무시하고 의존을 거부하는 특성을 보입니다.

집착형 불안정 애착
6~10 특성이 가장 많을 경우

[타인의존적] 애착 불안 성향이 높아, 상대와의 관계에 집착하는 특성을 보입니다.

안정 애착
11~15 특성이 가장 많을 경우

[상호의존적] 상대와의 상호작용도 편안히 받아들이면서 자율성도 높은 편입니다.

* 성인애착 유형별 특성은 성인애착에 대한 신뢰도와 설명력이 높은 Fraley, Waller와 Brennan(2000)의 친밀관계경험 검사(ECR-Revised: ECR-R)를 참고하였습니다.

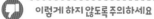

01 "그거 별거 아니야"라는 식으로 아이의 감정을 평가절하하지 말자. 내 경험을 기준으로 아이의 감정을 판단하지 말고 지금 내 아이의 감정에 머물러 보자.

02 혼자 다 하려 애쓰지 말자. 정서적으로 힘들 때 혼자 다 하려고 애쓰다 보면 참다가 아이에게 쏟아진다. 힘들 때는 배우자에게 기대도 된다. 위안과 지지나 도움이 필요한 순간에 배우자(또는 친밀한 타인)와 나누고 필요한 것을 부탁하고 요청하는 연습을 하자.

03 여유 없는 활동을 경계하자. 일상에서 활동이 많은지 살펴봐야 한다. 감정과 접촉하지 않기 위해 쉬지 않고 활동하고 있는 경우가 많다.

04 내 말과 행동을 상대 탓으로 돌리지 말자. 아이나 배우자에게 좌절이나 상처 주는 자신의 행동에 대해 과소평가할 수 있으며, 상대의 탓으로 돌리는 투사를 많이 할 수 있다. 따라서 나의 말과 행동에 상대가 어떤 영향을 받을지에 대해 적극적으로 상상해 봐야 한다.

집착형 불안정 애착 유형 부모

((특성))

"정서적 자극에 압도되는 경향이 있어
감정 조절이 어려운 편이라,
아이가 스트레스 상황에서 겪게 되는 힘든 감정에
적절하게 관여하고 견디는 게 힘들 수 있다."

- 집착형 불안정 애착 유형은 다른 사람에게 거절, 거부당하거나 수용 받지 못하는 것에 큰 두려움을 갖고 있다. 다른 사람의 정서에 영향을 많이 받고 기대에 맞추고자 하는 경향 때문에 감정적 에너지 소진이 높은 편이다.

- 타인의 관심과 지지를 확보하기 위해 약한 자극도 과장해 표현하는 경향이 있으며, 타인을 통해 자신의 정서를 조절하고자 한다.

((부모를 위한 육아가이드))

자신의 감정에 매몰되어 자신 및 아이가 보이는 감정을 파악하거나 감정의 의미를 이해하는 데 어려울 수 있다. 감정적으로 압도되는 상황에 대해 마음 알아차리기 일지를 쓰며 자신의 경험과 욕구가 무엇인지 집중해서 살펴볼 필요가 있다. 강한 감정을 불러일으키는 파국적인 생각이 무엇인지 살펴보고 현실검증을 해봐야 한다.

특히 아이가 어느 날 갑자기 격한 반응을 표현하는 경우는 없다. 아이가 보이는 강한 감정은 그만큼 자신이 겪고 있는 어려움을 알아달라고 적극적으로 표현하는 행동임을 명심하자. 평소 아이를 관찰하며 아이가 하는 것을 알아봐 주고 반응(관심 표현과 칭찬)해 주자.

((특성))

> "아이가 보내는 감정적 신호를 알아보는 것에 둔감한 편이라
> 아이가 스트레스 상황에서 겪는 힘든 감정을 평가절하거나 무시할 수 있다."

- 무시형 불안정 애착 유형은 자신의 부정적인 감정을 느끼거나 알아차리기가 어려운 편이며, 고통스러운 기억이나 생각을 억압하는 경향이 높다. 따라서 과도한 스트레스가 누적되었다가 한꺼번에 폭발하기 쉽다.

- 아이의 부정적 감정에 대해서도 같은 식으로 반응할 수 있다. 아이가 경험하는 감정적 경험에 대해 평가절하하는 말을 하거나 아이가 보이는 부정적인 감정에 수용적이기보다는 덜 지지하는 모습을 보이는 식이다. 이런 반응은 아이에게 다소 무관심해 보이는 것으로 비칠 수 있다.

((부모를 위한 육아 가이드))

부모가 정서적 접촉을 잘하지 못하면 아이도 자신의 정서와 접촉하는 게 어려울 수 있다. 아이가 자신의 주관적 경험 안에서 겪고 있는 부정적인 감정은 부모가 생각하는 것보다 훨씬 더 강력하다. 이를 전제로 아이의 마음을 적극적으로 상상해 보는 것이 필요하다. 그래야 아이가 경험하고 있는 감정을 다루고 조절하는 데 도움이 되는 새로운 의미를 발견할 수 있다.

아이의 감정을 알아주면 알아줄수록 그 감정에 나약해지거나 취약해질까 봐 부모는 걱정하지만, 오히려 객관화해서 들여다볼 힘이 생긴다. 고통을 느낄 때 위로받고 싶어 하는 아이의 마음을 좀 더 알아봐 주자.

 이렇게 해보세요

01 감정을 표현하는 정도가 적은 편이므로 표정과 특히 목소리에서도 긍정적인 느낌이 적게 전달되는 경향이 있다. 아이와 대화할 때 표정과 목소리 톤에도 주의를 기울여 보자.
   예) 염려하는 표정과 톤, 궁금하고 관심 있다는 표정과 톤, 반갑고 기쁘다는 표정과 톤 등

02 자신 및 상대의 욕구나 고통에 대해 알려주는 비언어적인 단서에 둔감한 편이다. 아이가 별 반응을 하지 않거나 괜찮다며 감정 표현에 소극적이면 무심히 지나치기 쉽다. 그러니 아이의 오늘이 어땠는지 먼저 물어보자. 말로는 별일 없었다고 하더라도 아이의 표정이나 목소리 톤에 주의를 기울여 관찰해 보자.

03 감정보다는 행동을 평가하고 문제 해결에 중점을 두는 경향이 있다. 다루기 힘든 불편한 감정이 해소되면 아이 스스로 방법을 찾아갈 수 있다. 감정 목록을 작성해 보고, 그 감정 목록을 보며 아이와 감정에 대해서 주고받는 시간을 마련하자.

04 애착, 돌봄, 관계에 대한 의미나 가치 부여가 적을 수 있다. 가족과 함께하는 활동 자체에 의의를 두기보다는 함께하는 과정에서 정서적인 의미나 가치를 느끼려고 해보자.

05 바쁘게 이것저것 하는 대신에 시간을 정해 아이 곁에서 아이를 가만히 관찰하며 아이의 마음을 적극적으로 상상해 보는 시간을 갖자.

부모의 애착 유형에 따른 육아 가이드

　부모의 애착 유형이 회피 또는 불안 성향이 높다면, 아이 양육 과정에서 겪을 수밖에 없는 여러 스트레스 상황에 유연하게 대응하는 데 어려움을 겪을 수 있습니다. 하지만 성인애착도 유아동기처럼 삶에서 어떤 경험을 하느냐에 따라 변화할 수 있습니다. 불안정 애착 성향이 높더라도 안정적인 애착 성향의 배우자와의 결혼생활을 통해, 혹은 심리치료를 통해 안정 애착 유형으로 변화할 수 있습니다. 또한 부모가 되어 아이를 사랑하고 돌보는 과정에서 스스로의 경험을 들여다보며 성찰하는 것을 바탕으로 아이와 안정적인 관계 경험을 쌓아나간다면 충분히 달라질 수 있습니다. 즉, 불안정 애착은 누군가와 더 좋은 관계 경험을 지속해 나간다는 전제하에 안정 애착으로의 변화가 가능합니다.

　안정적 애착 관계에서는 나와 상대의 마음을 알아차리고 헤아리는 능력이 발달합니다. 아이들이 부모를 통해 자신의 감정적 고통이 조절되고 완화되는 경험을 하게 되면, 견디기 힘든 자극에 대해 점점 견뎌낼 만한 것, 견뎌낼 수 있는 것으로 의미 부여를 하게 됩니다. 이렇게 부모와 상호작용한 경험으로부터 스스로 감정을 조절하는 능력이 점차 발달됩니다. 우리 아이가 안정적 애착을 경험하고 자라기를 원한다면 부모의 애착 유형에 따른 감정 관리 방법을 살펴보고, 실생활에 적용해 보세요.

◆　안정 애착 유형 부모　◆

　안정 애착이라고 갈등이 없는 것은 아니다. 관계에서 갈등은 늘 생기기 마련이지만 고통스러운 감정을 스스로 혹은 다른 사람의 도움을 받아 다루고 조절할 수 있다고 믿기 때문에 감정에 대해 개방적이다. 따라서 아이가 감정적 어려움을 호소할 때 아이의 마음을 헤아리고, 해결 방안을 함께 고민해 줄 수 있다. 안정 애착이라고 해서 모든 상황에서 아이의 마음을 잘 알아차리고 적절하게 반응하기는 어렵다. 다만, 안정 애착 유형의 부모는 잘못된 상호작용을 하더라도 관계를 회복하기 위한 노력을 적극적으로 한다.